C++程序设计教程

主　编　张晓如　华　伟
副主编　祁云嵩　王　芳　王　勇

科　学　出　版　社
北　京

内 容 简 介

本书系统地讲述了C++语言的基本知识，并详细介绍了面向过程程序设计和面向对象程序设计的基本方法。全书共11章，内容包括概述、数据类型与表达式、流程控制语句、数组、函数、结构体与简单链表、类和对象、继承与多态性、友元函数与运算符重载、模板和异常处理及输入/输出流。

本书可作为高等院校C++语言程序设计的教材，也可作为程序设计爱好者的参考用书。

图书在版编目(CIP)数据

C++程序设计教程 / 张晓如，华伟主编. —北京：科学出版社，2013

ISBN 978-7-03-038385-3

I. ①C… II. ①张… ②华… III. ①C语言–程序设计 IV. ①TP312

中国版本图书馆CIP数据核字(2013)第189876号

责任编辑：相 凌 王迎春 / 责任校对：鲁 素

责任印制：张 伟 / 封面设计：华路天然工作室

科学出版社 出版

北京东黄城根北街16号

邮政编码：100717

http://www.sciencep.com

北京凌奇印刷有限责任公司 印刷

科学出版社发行 各地新华书店经销

*

2013年8月第 一 版 开本：787×1092 1/16

2023年3月第九次印刷 印张：15 1/4

字数：400 000

定价：34.00元

(如有印装质量问题，我社负责调换)

前　言

C++语言作为程序设计的经典语言，功能强大，广泛应用于程序开发。为适应应用型人才培养的需求，各高校普遍开设 C++程序设计课程。各种类型的教材应运而生，虽然各有特点，但要找到一本既适合教师教学需要，又能满足学生学习需求的教材并不容易。根据近年来的教学研究成果，结合教学改革实践和计算机程序语言精品课程建设，作者编写了本书。本书叙述简明易懂，借助典型例题深入浅出地分析了 C++的主要概念、语法以及编程方法，力图帮助教师在有限的教学时间内，向学生阐述 C++语言程序设计的核心内容，使学生更好地掌握 C++语言程序设计的精髓。

本书共 11 章，第 1 章为程序设计的概述，第 2~6 章主要阐述面向过程程序设计方法，第 7~11 章阐述面向对象程序设计方法。本书内容重点突出，语言表达精练，每章都配有复习巩固用习题。全书以最简洁的语言表达 C++程序设计的主要特征，所有程序均在 VC++6.0 中通过编译，运行结果正确。

为配合课程内容的学习，本书还同时配有《C++程序设计习题与实验教程》、《C++程序设计实践教程》，它们既相互关联，又能独立使用，起到相辅相成的作用。

本书在编写过程中，参阅了部分教材及资料，在此向各位作者表示衷心的感谢。本书出版过程中，学校各级领导、教材科老师、出版社编辑都做了大量工作，付出了辛勤的劳动，在此一并表示感谢。

由于编者水平有限，书中尚存不足和疏漏之处，恳请广大读者批评指正，以便能进一步做好改进完善工作。

编　者

2013 年 6 月

目　　录

第1章　概　　述

1.1　程序设计语言

1.1.1　程序设计语言概述

计算机程序是人们为解决实际问题而需要计算机完成的一系列操作指令的有序集合。程序设计语言是人与计算机交流的工具，是计算机可以识别的语言，具有特定的词法与语法规则。一种计算机程序设计语言能够使程序员准确地定义计算机所需要使用的数据，在不同情况下应当采取的操作。计算机语言的种类非常多，总的来说可以分成机器语言、汇编语言、高级语言3大类。目前常用的编程语言有两种形式：汇编语言和高级语言。

机器语言是直接用二进制代码指令表达的计算机语言，指令是用0和1组成的一串代码。例如，将100与200相加的机器语言程序由以下两条指令实现：

```
1101 1000 0110 0100 0000 0000
0000 0101 1100 1000 0000 0000
```

虽然机器语言能被计算机直接识别和执行，但对于人类来说十分晦涩难懂，更难记忆与编写。在计算机发展初期，只能用机器语言编写程序，在这一阶段计算机编程语言与人类的自然语言之间存在巨大的鸿沟，软件开发难度大，周期长，修改维护困难。

为了解决机器语言编程的困难，程序员使用类似英文缩写的助记符来表示指令，从而产生了程序设计的汇编语言(assembly language)，如使用ADD、SUB助记符分别表示加、减运算指令。将100与200相加的汇编语言如下：

```
MOV AX, 100
ADD AX, 200
```

机器不能直接识别使用汇编语言编写的程序，而需要由汇编程序将汇编语言翻译成机器语言。虽然汇编语言比机器语言便于理解和编程，但仍然与人类的自然表达方式相差甚远。汇编语言实质上仍是机器语言，同样属于低级语言。

为了进一步方便编程，人们开发了更加接近人类自然语言习惯的高级语言，程序使用了更有意义和容易理解的语句，更容易描述具体的事物与过程，编程效率大大提高。例如，仍然是将100与200相加，用高级语言C++可描述如下：

```
100+200
```

高级语言与计算机的硬件结构及指令系统无关，它有更强的表达能力，可方便地表示数据的运算和程序的控制结构，能更好地描述各种算法，而且容易学习。但高级语言编译生成的程序代码一般比用汇编语言设计的程序代码要长，执行的速度也更慢。

高级语言是目前绝大多数编程者的选择。与汇编语言相比，它不但将许多相关的机器指令合成单条指令，并且去掉了与具体操作有关而与完成任务无关的细节。例如，使用堆栈、寄存器等，可以大大简化程序中的指令。同时，由于省略了很多细节，编程者不需要有太深奥的专业知识。

高级语言主要是相对于汇编语言而言的，它并不是特指某一种具体的语言，而是包括了很多编程语言，如 C++、Visual Basic（VB）、Java 等，这些语言的语法、命令格式各不相同。

学习一种计算机程序设计语言，不仅是为了掌握一种实用的计算机软件设计工具，更重要的是掌握程序设计的基本方法，培养良好的思维习惯，提高分析问题、解决问题的能力，为今后的学习和工作打下良好的基础。

1.1.2　C++程序设计语言

C++语言是目前应用最为广泛的计算机程序设计语言之一。C++由 C 语言扩充、改进而来。当 C 语言发展到顶峰的时刻，出现了一个版本叫 C with class 的版本，这就是 C++的雏形，它在 C 语言中增加了 class 关键字和类。程序设计者都希望在 C 语言中增加类的概念，后来 C 标准委员会决定以 C 语言中的++运算符来体现 C 语言的进步，因此叫 C++，并成立了 C++标准委员会。虽然 C++是作为 C 语言的增强版出现的，但可以认为它是一门独立的语言；C++并不依赖 C 语言，初学者可以完全不学习 C 语言，而直接学习 C++语言。

C++程序设计语言具有下列特点。

(1) C++完全兼容 C，具有 C 语言的简洁、紧凑、运算符丰富，可直接访问机器的物理地址，使用灵活方便，程序书写形式自由等特点。大多数 C 语言程序代码略作修改或不作修改即可在 C++集成环境下运行。

(2) C++作为一种面向对象的程序设计语言，它使程序的各个模块间更具独立性，程序的可读性更好，代码结构更加合理，设计和编制大型软件时更为方便。

(3) 用 C++语言设计的程序可扩充性更强。

目前很多软件支持基于 C++语言的程序开发，例如，Microsoft Visual C++、Borland C++、Watcom C++、Tubor C++等。本书中的程序都是采用 Microsoft Visual C++ 6.0 编写的，本书将在 1.3 节详细介绍如何在 VC6.0 环境下创建并执行 C++应用程序。

1.2　程序设计思想

计算机对问题的求解方式通常可以用数学模型抽象。随着社会与科学技术的发展，人们要求计算机处理的问题越来越复杂，计算机研究人员不断寻求简捷可靠的软件开发方法。程序设计的方法主要有两类：面向过程的程序设计和面向对象的程序设计。

1.2.1　面向过程的程序设计

面向过程的程序设计是一种自上而下的设计方法。例如，在 C 语言中，程序员用一个 main 函数概括整个应用程序需要完成的工作，而 main 函数由一系列子函数的调用组成。main 函数中调用的每个函数又都可以再被分解成更小的子函数，重复这个过程，就可以完成一个过程式的设计。其特征是以函数为中心，函数作为划分程序的基本单位，数据在过程式的程序设计中往往处于从属地位。

一个典型的过程式程序结构图如图 1-1 所示。图中的箭头代表函数间的调用关系，也是函数间的依赖关系。main 函数依赖于其子函数，这些子函数又依赖于各自的子函数。由于面向过程的程序设计采用的是一种自顶向下、逐步求精的方法，据此可以设计出结构良好、易于调试的程序。

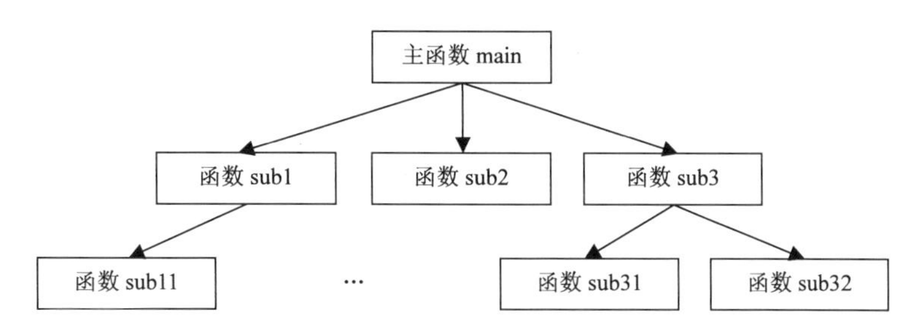

图 1-1 典型的过程式程序结构图

面向过程的程序设计方法具有很多显著的优点，但其缺点也是显而易见的。现实世界中的事物都具有两种属性：静态属性和动态属性。例如，对于一个人来说，姓名、身高、网名等都属于其静态属性，而走路、睡觉、学习等属于动态属性。对于计算机来说，其品牌、CPU型号、安装的操作系统等属于静态属性，而开机、关机、运行程序等属于动态属性。用计算机解决实际问题时，通常使用一组数据来描述事物的静态属性，而用一组函数来描述事物的动态属性。在面向过程的程序设计中，数据和函数是相互独立的，即程序中的数据和操作它们的方法(函数)相互分离。当需要修改程序中的某些数据描述方法时，使用该数据的所有函数都可能要进行相应的修改。过程化程序设计的这种特点使得程序维护很不方便。在程序设计过程中，当所要解决的问题较为复杂，程序规模较大时，程序员必须细致地考虑程序设计的每个细节，准确考虑程序设计过程中所发生的所有问题。同时，由于各种图形用户界面(Graphics User Interface, GUI)软件的应用，要求应用软件必须随时响应用户的各种操作，因此，软件的功能很难用过程来描述与实现。

为了摆脱软件开发的困境，消除面向过程设计的局限性，在20世纪80年代出现了面向对象的程序设计(object oriented programming, OOP)。

1.2.2 面向对象的程序设计

面向对象的程序设计方法用更加接近现实问题的对象模型对实际问题进行建模。对象模型将数据和函数封装在一起，数据用来描述实际问题的静态属性，函数用来描述实际问题的动态属性。程序由不同类型的多个对象组成，对象之间通过互发消息进行通信，它们相互配合协作，共同实现程序的功能。

与强调算法的面向过程的程序设计方法不同，面向对象的程序设计强调的是数据。过程化程序设计总是试图使问题满足实际的过程性方法，而对象化的程序设计则是试图让语言来满足实际问题的要求。从软件工程的角度来看，面向对象的程序设计方法具有以下几个显著优点。

(1) 更好的模块化。面向对象的程序设计方法的基础就是模块，它通过类和对象将数据和操作这些数据的方法封装在一起构成程序模块。

(2) 更高级的抽象。面向对象的程序设计方法不仅支持过程抽象，而且支持数据抽象。面向对象的程序设计方法的类就是一种抽象的数据类型，它描述某一类对象共有的属性，是定义对象的模板，而对象是类的具体实例。此外，某些面向对象的程序设计语言(如C++)还支持参数化抽象，即通过类模板将类成员的数据类型参数化。高级的抽象性使程序模块的可重用性更高。

(3) 更好的信息隐藏性。在面向对象的程序设计方法中，允许为类的成员设置访问权限，这样就可以将数据隐藏在对象中，用户只能通过类的公有接口来访问类的对象。

(4) 低耦合、高内聚性。在面向对象的程序设计方法中，一个对象就是一个独立的单元，其内部各元素用于描述对象的本质属性，它们之间联系紧密，具有高度的内聚性。而不同对象之间只能通过外部接口发送消息来相互通信，如果一类对象的内部结构发生变化，只要它的外部接口保持不变，就不会影响其他的程序模块，所以面向对象的程序模块之间具有更低的耦合性。低耦合性和高内聚性符合软件工程的模块独立原理，是软件重用的基础和保证。

(5) 更好的可重用性。继承性和多态性是面向对象的程序设计方法的两个重要属性。通过继承性可以从已有的类型派生出新的类型，新的类型继承了原有类型的属性，并可以增加新属性对原有类型进行扩展。而多态性是指给不同的对象发送相同的消息会导致不同的行为。

面向对象的程序设计方法用类来描述问题，类具有封装性、继承性和多态性。本书从第7章开始详细介绍这一技术。

1.3 C++程序开发

1.3.1 C++程序的开发步骤

高级语言编写的程序从开始编码到运行需要经过以下步骤。

(1) 编辑程序。可以在普通的文本编辑器(如 Windows 记事本)或一些专业开发软件(如 Microsoft Visual VC++ 6.0)提供的编辑器中对程序进行编码。由高级语言编写的程序称为源程序。C++源程序缺省的扩展名为.cpp，简称 C++程序。

(2) 编译。使用编译程序对源程序进行编译，目的是将高级语言编写的源程序翻译成计算机硬件可以识别的二进制机器指令。扩展名为.cpp 的源程序经编译后生成扩展名为.obj 的目标文件。

(3) 连接。用连接器将编译成功的目标文件与相应的系统模块连接成扩展名为.exe 的可执行文件。

1.3.2 C++程序的框架

通过一个简单的 C++程序可以分析并了解 C++程序的基本构成。

【例 1-1】 一个简单的 C++程序。

```
//*************************
//   一个简单的 C++程序
//*************************
#include<iostream.h>
void main( )
{
    cout<<"Hello! "<<endl;
    cout<<"欢迎学习 C++!"<<endl;              //A
}
```

程序运行结果

```
Hello!
欢迎学习C++!
Press any key to continue
```

一个完整的C++程序由注释、编译预处理和程序主体构成。

1. 注释

注释是程序员为程序所作的说明，是提高程序可读性的一种手段，一般可将其分为两种：序言注释和注解性注释。前者用于程序开头，说明程序或文件的名称、用途、编写时间、作者以及程序输入/输出说明等；后者用于程序中难懂的地方。为了提高程序的可读性，在书写源程序时，应养成用注释来说明程序功能、语句作用的良好习惯。注释并不是程序的必要部分，和其他高级语言一样，C++编译器在编译一个程序时将跳过注释语句，不对它进行处理。因此，无论源程序中有多少注释，均不会影响程序编译结果。

C++语言提供了两种程序注释方式：一种是由符号“//”开始的注释行，另一种是将介于符号“/*”和“*/”之间的内容作为注释信息。例如：

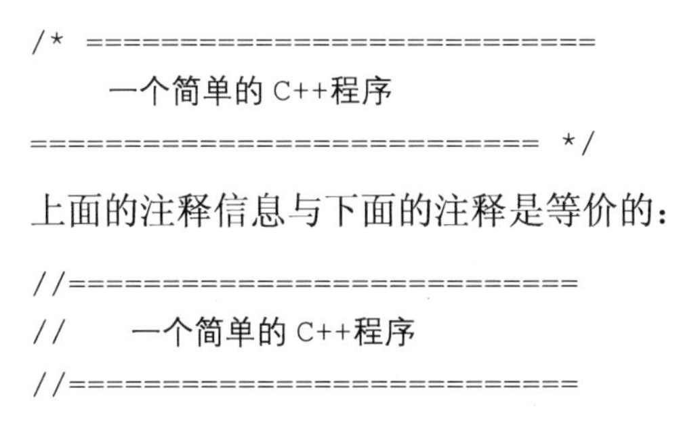

```
/* ===========================
       一个简单的C++程序
=========================== */
```

上面的注释信息与下面的注释是等价的：

```
//===========================
//     一个简单的C++程序
//===========================
```

2. 编译预处理

每个以符号“#”开头的行称为编译预处理行，例1-1中的#include称为文件包含预处理指令。编译预处理是C++组织程序的工具。#include<iostream.h>的作用是在编译之前将文件iostream.h的内容插入程序中。iostream.h是系统定义的一个头文件，它设置了C++的I/O相关环境，并定义了输入/输出流对象cin与cout等。

3. 程序主体

程序中以void main( )开始的部分定义了一个函数，该函数描述了程序的功能。main是函数名。所有的C++程序有且只有一个main函数，通常称该函数为主函数。main函数是整个程序的入口，C++程序总是从主函数的第一条语句开始执行，执行完主函数的所有语句后，程序将结束并返回操作系统。

main前面的void表示该函数没有返回值，即该函数的执行结果不是一个数值。main后的一对圆括号说明main函数运行所需的参数。例1-1中的main函数后是一对空括号，说明本程序运行时无须提供参数。函数所做的操作用相关语句序列实现，必须用花括号{}括起来，称为函数体。

在main函数体中，cout是一个代表标准输出的流设备，它是C++在头文件iostream.h中预定义的对象，前面包含头文件就是为了能在这里使用输出流设备cout。当程序要进行输出时，就需要在程序中指定该对象。输出操作由运算符“<<”来表达，它表示将该运算符右边的数据输出到输出设备(显示器)上。

例 1-1 程序中用双引号括起来的数据“Hello! ”和“欢迎学习 C++!”被称为字符串常量。cout 语句最后的 endl 是系统内部定义的一个换行符，将它输出时其效果是将光标移至下一行，如果有后续输出数据，新的输出将从下一行开始显示。在 C++语言中，一个完整的功能语句均是以分号结束的。

程序执行结束时，在最后增加一行输出“Press any key to continue”，这是系统自动生成的，目的是让用户看清屏幕的输出内容，并提醒用户按任意键后程序将退出并返回原编程环境。

需要特别指出的是，C++程序代码是严格区分大小写的，所以在书写程序时要注意大小写的区别，如函数名 main 不能写成 Main。此外，除了数据，程序中的语法部分不能出现中文字符。例如，例 1-1A 行中的双引号不能是全角中文引号，必须是西文半角形式。

1.3.3　VC++开发环境简介

Microsoft Visual C++ 6.0 集成环境下的 C++程序的开发步骤如下。

(1) 在操作系统环境下启动 VC++集成开发环境，打开如图 1-2 所示的界面。

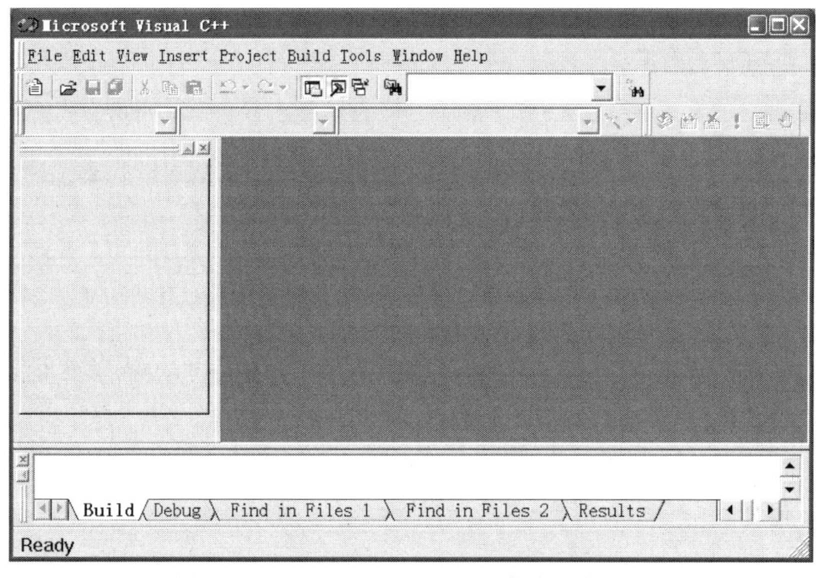

图 1-2　Microsoft Visual C++ 6.0 集成环境界面

(2) 选择 Files 菜单下的 New 命令，出现图 1-3 所示的界面(不要直接单击 New 按钮，该按钮用于新建一个文本文件)。该界面缺省标签是为新程序建立工程项目，但对初学者来说，编辑小的源程序不必建立项目，可以直接选择其左上角的 Files 标签，产生图 1-4 所示的界面。

(3) 在图 1-4 所示的界面左侧对话框中选中文件类型为 C++Source File(C++源程序文件)，在右边的文本框中填好文件名并选定文件存放目录，然后单击 OK 按钮，打开图 1-5 所示的编程界面，开始输入程序。

(4) 输入源程序后，执行 Build 菜单下的 Complie 命令对源程序进行编译，系统将在下方的窗口中显示编译信息。如果无此窗口，可按 Alt+2 组合键或执行 View 菜单下的 Output 命令。

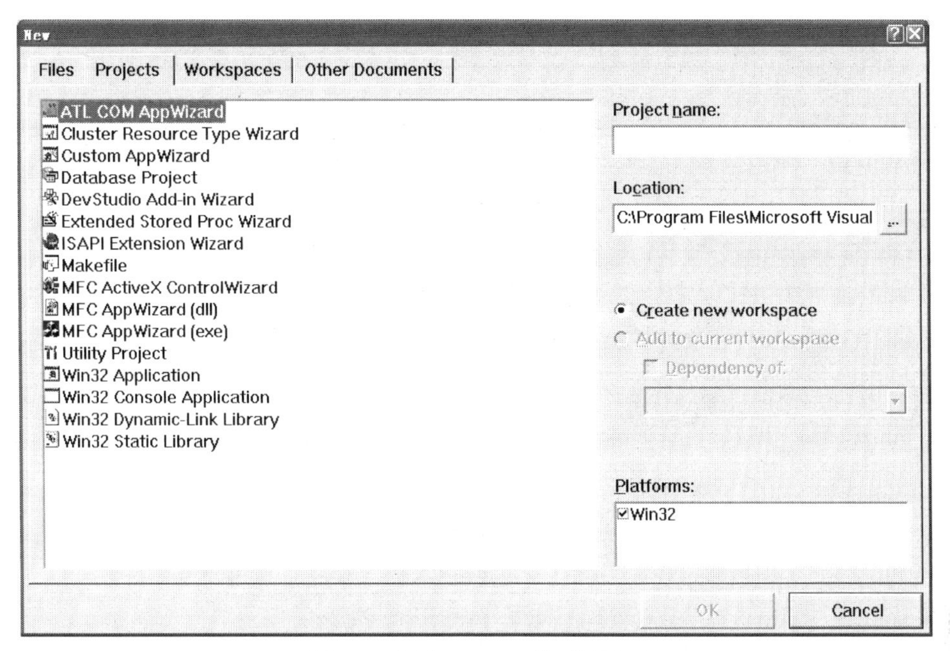

图 1-3 新建 VC++工程项目界面

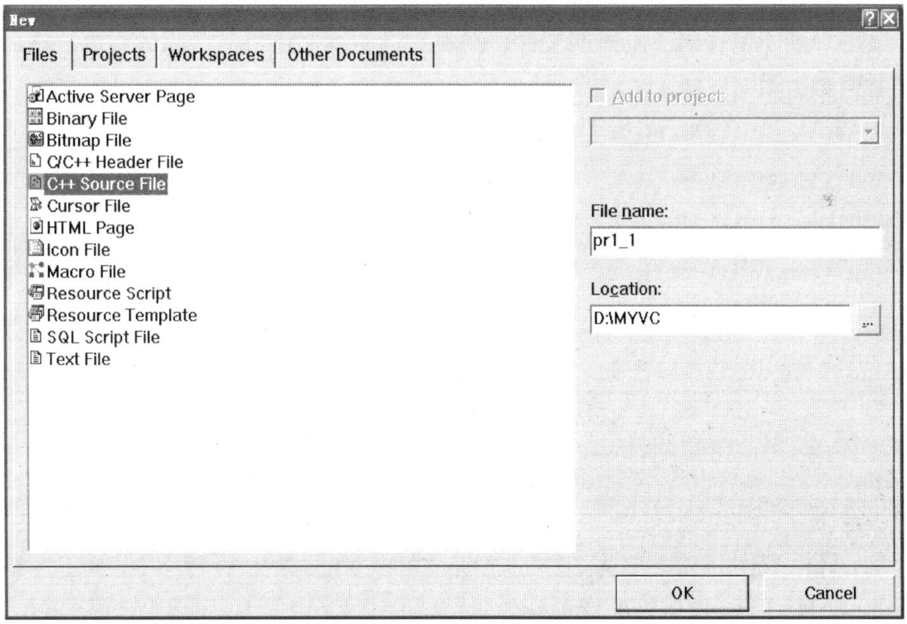

图 1-4 新建 VC++文件界面

如果源程序有语法错误，系统将显示错误所在的行数并给出提示信息，此时可双击相应的错误提示，光标将自动移至错误所在的行，但这仅表示错误表现在这一行，具体错误在哪里可根据系统提示进行判断。一般从第一个错误开始修改，最好是每修改一处错误就编译一次。

如果编译后已无错误提示，则可执行 Build 菜单下的 Build 命令生成相应的可执行文件，随后可执行 Build 菜单下的 Execute 命令运行所编写的程序。

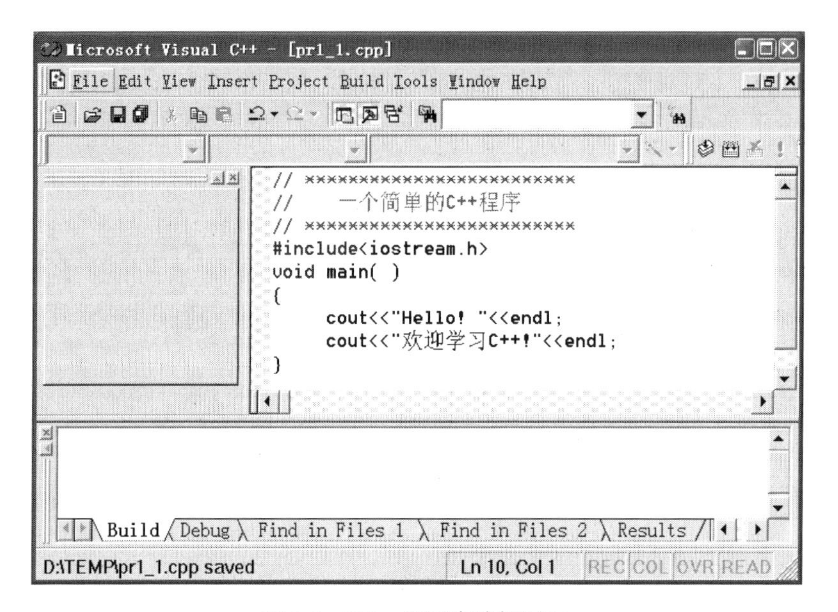

图 1-5 VC++源程序编辑界面

如果要编辑第二个源程序，应该通过 File 菜单下的 Close Workspace 命令来关闭当前工作区(注意：File 菜单下的 Close 命令只能关闭正在编辑的文件，而不能关闭当前工作区)，重复以上步骤，否则即使关闭了原来的文件，新编辑的源程序还将与原来的程序连接成一个文件，相互影响而出错。

【例 1-2】 设计一个程序，求函数 $y=2x^2+3x+1$ 的值。

```
#include<iostream.h>
void main( )
{
    float x, y;                  //A
    cout<<"请输入自变量 x 的值:";    //B
    cin>>x;                      //C
    y=2*x*x+3*x+1;               //D
    cout<<"y="<<y<<endl;
}
```

程序分析

程序从 main 函数开始运行。A 行定义了两个实型变量。在 C++程序中，所有的变量必须先定义再使用，且用于存放数据的变量是区分类型的。程序中的 B 行实现在屏幕输出字符串，提示用户输入数据。C 行的 cin 是输入流设备，其后的“>>”是输入运算符，用于从键盘接收数据并存入变量 x。D 行根据表达式计算变量 y，即函数的值。

程序运行结果

```
请输入自变量 x 的值:0.25↙(↙表示回车键)
y=1.875
```

程序执行 C 行时，将等待用户从键盘输入数据，并按回车键后，程序继续执行。

习 题

1. 简述C++程序的基本组成。
2. C++程序的注释方式有哪几种？
3. C++程序从开始设计到最终看到结果要经过哪几个步骤？
4. 参照本章例题设计一个简单的C++程序，用来计算从键盘输入的两个实数之和。

第 2 章　数据类型与表达式

数据是计算机程序的重要组成部分，每种程序设计语言都有其规定的数据类型，数据类型决定了数据的存储以及数据的操作方式。C++语言的数据类型大致可分为基本数据类型与构造数据类型，本章主要介绍基本数据类型。

2.1　标　识　符

在程序设计中，经常需要用标识符来代表数据、变量等。合法的标识符是指程序中允许使用的构成成分的命名，它们由字符组成。

1. 字符集

C++语言的基本元素均由字符集中的字符组成，包括字母、数字以及键盘上除@、`、$外的其余可显示字符。

2. 关键字

关键字也称保留字，是程序设计语言中约定已具有某种特定含义的标识符，不可以再作其他用途。表 2-1 中列出了 C++语言中常用的关键字。

表 2-1　C++语言中常用关键字

int	double	if	for
char	float	else	while
void	const	switch	do
long	short	break	return
this	struct	continue	private
inline	case	union	protected
operator	default	enum	public
virtual	auto	class	friend
static	extern	signed	delete
register	typedef	unsigned	new

3. 自定义标识符

自定义标识符是指程序中由用户命名的变量名、函数名、类型名等，它由英文字母、数字、下划线组成，不能以数字开头。

用户自定义标识符时需要注意以下几点。

(1) 自定义标识符应尽量做到见名思义。如用 name 表示姓名，用 year 表示年份等。

(2) 不可以将关键字作为自定义标识符。

(3) C++语言中严格区分大小写。如 myName 和 myname 是两个不同的标识符。

【例 2-1】判断下列各符号是否为合法的自定义标识符。

Student_001，static，length，5name，n-Computer，While，_123，s3，&address

合法的自定义标识符有 Student_001，length，While，_123，s3。而 static 是关键字，5name 以数字开头，n-Computer 中含符号“-”，&address 中含符号“&”，故均为不合法的自定义标识符。

2.2　基本数据类型

基本数据类型是指 C++语言中已预定义的、不可再进一步分割的数据类型，构造数据类型是指由一种或几种数据类型组合而成的数据类型，每种类型数据都有常量与变量之分。各种构造数据类型将在后面章节介绍。

2.2.1　基本数据类型简介

C++语言的基本数据类型包括 void(空类型)、bool(布尔型)、int(整型)、char(字符型)、float(单精度)、double(双精度)等。不同数据类型的数据所占内存空间的大小不同，其所能表示数值的取值范围也不同。表 2-2 是对 C++语言中常用的基本数据类型的描述。

表 2-2　C++语言中常用的基本数据类型

名称		类型	长度/B	取值范围
布尔型		bool	1	true 或 false
字符型		char	1	–128~127
整型		int	4	-2^{31}~$(2^{31}-1)$
实型	单精度	float	4	-10^{38}~10^{38}
	双精度	double	8	-10^{308}~10^{308}
空类型		void	0	无值

为了更准确地描述数据类型，C++语言中还提供了 4 个关键字：short、long、unsigned 和 signed，用来修饰整型数据。另外，可以用关键字 unsigned 和 signed 修饰字符型数据。相应的基本数据类型如表 2-3 所示。

表 2-3　C++语言中经修饰的基本数据类型

名称	类型	长度/B	取值范围
无符号字符型	unsigned char	1	0~255
短整型	short int	2	–32768~32737
长整型	long int	4	-2^{31}~$(2^{31}-1)$
无符号短整型	unsigned short int	4	0~65535
无符号长整型	unsigned long int	4	0~$2^{32}-1$

1. 布尔型

布尔型又称逻辑型，用关键字 bool 表示。布尔型有两种状态：真(true)和假(false)，占一个字节。在算术表达式中，布尔型变量用整型值 1(true)或 0(false)参与运算。其他类型数据转换成布尔类型时，0 表示 false，非 0 表示 true。

2. 整型

整型数据用关键字 int 表示，可分为有符号整型和无符号整型，分别在 int 前加关键字 signed 和 unsigned 来表示，缺省时表示有符号。一个整型数据占 4 个字节，共 32 位。短整型数据占 2 个字节，共 16 位。

有符号整型数据的第一位为符号位，用 0 表示正数，1 表示负数(负数用补码表示)，其余 31 位用来表示数据值的大小。无符号整型数据只能表示非负数，无符号位。

3. 字符型

字符型数据用关键字 char 表示，在内存中以 ASCII 码值的形式存储，占一个字节，可以表示 ASCII 码表中的字母、数字、符号等各种字符。一个字符与单字节整数采用相同的存储方式，因此可以与整型数据一样参与运算。

4. 实型

实型也称浮点型，用来定义带小数点的实数。按照精度的不同，将实型数分为单精度、双精度和长双精度数，用关键字 float 表示单精度实型数据，占 4 个字节，用关键字 double 表示双精度实型数据，占 8 个字节，用来存放精度更高、范围更大的数。

long double 也是 8 个字节，而不是 16 个字节。另外实型数据均为有符号数据，故不可以用 unsigned 关键字来修饰。

5. 空类型

空类型又称空值型、无值型，用关键字 void 表示。意为“未知”类型，可以用于函数的形参、函数类型、指针等，不能说明空类型的变量。

2.2.2 常量

常量是指在程序中指定值不变的量，分为字面常量和符号常量。

1. 字面常量

字面常量是指在程序中使用的具体数据，可分为整型常量、实型常量、字符型常量、字符串常量等。

(1)整型常量。C++语言中的整型常量可用十进制、八进制、十六进制 3 种进制形式表示。缺省进制为十进制，八进制数是以数字 0 开头的整数，十六进制数是以 0x 或 0X 开头的整数，如 28，–3，0，+55，0236，–063，0x56AD，0XE49，–0x857 等都是合法的整型常量。

另外还可以通过加后缀 L(l)或 U(u)的方式表示长整型数或无符号型整数常量，如 234L，45LU，9u 等。

(2)实型常量。实型常量可用小数形式和指数形式表示。

用小数形式表示时，整数和小数间用小数点隔开，加后缀 F(f)表示单精度数，缺省为双精度数，如 0.1237，–564.2f，.52，765.F，86.3L 都是正确的实型常量。

指数形式表示法由尾数和指数两部分组成，中间用 e(E)隔开，如 0.765E3，12.37e–2，–0.3e1 都是正确的指数表示形式。

指数形式必须有尾数和指数两部分，且指数部分只能是十进制整数，如–0.3e，E3，

12.37e2.0 等都是不正确的表示形式。

(3) 字符型常量。用一对单引号括起来的单个字符为字符型常量，占一个字节，分普通字符型常量和转义字符型常量。

普通字符型常量可显示一个字符，如‘%’，‘a’，‘9’，‘ ’等都是合法的字符型常量，其中最后一个字符为空格字符。

转义字符型常量用来表示一些起控制作用又不可显示的特殊字符，如换行、退格、响铃等 ASCII 码字符。它由“\”开头，后跟表示特殊含义的字符序列。表 2-4 列出了一些常用的转义字符。

表 2-4　常用转义字符

字符形式	含义
\n	换行
\a	响铃
\t	水平制表符(Tab 键)
\0	空字符(作为字符串结束标志)
\\	反斜杠\
\′	单引号
\″	双引号
\ddd	1~3 位八进制数
\xdd	1~2 位十六进制数

由表中最后两行可见，转义字符也可用八进制数或十六进制数表示，其值转换成十进制数范围为 0~255，如\160、\x70 都表示字符 p。这里 160 是八进制数，x70 为十六进制数，转换成十进制数为 112，不超过 255。

(4) 字符串常量。多个字符用一对双引号括起来作为一个整体，称为字符串常量，简称字符串，如“Hello!”，“123456”等。字符串常量中所含有效字符的个数称为字符串的长度，如字符串“Hello!”的长度为 6，而字符串“de2\t\\Ag\xAB”的长度为 8。

字符串常量在存储时通常占用长度加一个字节的内存空间，这是因为 C++语言用特殊字符‘\0’作为字符串结束符。‘\0’为空字符，其 ASCII 码值为 0。如“A”占 2 个字节，而‘A’只占 1 个字节。

2. 符号常量

符号常量是指代表一个常量的标识符，可以用宏定义或用关键字 const 定义。

(1) 用宏定义。其一般格式如下：

```
#define 宏名 常量值
```

这里的常量值可以是前面介绍的各种类型。例如：

```
#define  PI  3.1415926           //用标识符 PI 表示数 3.1415926
#define  PRC  "the People's Republic of China"
```

```
//用标识符 PRC 表示串"the People's Republic of China"
```

有关宏的详细内容见本书 5.7 节。

(2)用 const 定义。其一般格式如下：

```
const 数据类型  常量名=常量值;
```

或

```
const 数据类型  常量名(常量值);
```

其中的数据类型可以是除空类型外的任何一种数据类型，“=”称为赋值号，完成赋值操作。例如：

```
const float PI=3.1415926;        //定义实型常量 PI,其值为 3.1415926
const char c='\160';             //定义字符型常量 c,其值为'p'
```

需要注意的是，不管是字面常量还是符号常量，其值都是不可以改变的。

2.2.3 变量

变量是指在程序中值可以改变的量，其实质是在内存中分配一块存储空间，用以存储或读取数据。

1. 变量定义

使用变量前必须先定义变量，即告知系统分配多大的空间，并确定该变量所能进行的操作。变量定义的一般格式如下：

```
数据类型  变量名 1,变量名 2,…,变量名 n;
```

例如：

```
int x,y,z;                       //定义 3 个整型变量 x,y,z
float value;                     //定义一个实型变量 value
char s;                          //定义一个字符型变量 s
```

2. 变量赋值

在定义变量的同时给变量赋初始值，称为变量的初始化。初始化变量的一般格式如下：

```
数据类型  变量名=表达式;
```

或

```
数据类型  变量名(表达式);
```

也可以定义变量后再用赋值运算符给变量赋值。例如：

```
int x=1,y,z(3);                  //定义 3 个整型变量 x,y,z,并给 x 和 z 赋初始值
y=4;                             //给变量 y 赋值
z=x;                             //将变量 x 的值赋给变量 z,此时 z 的值与 x 的值相同
```

3. 指针变量

若变量中存放的是某个存储空间的地址，这样的变量称为指针变量。指针变量定义的一般格式如下：

```
数据类型  *变量名 1,*变量名 2,…,*变量名 n;
```

其中，“*”号表示变量是一个指针变量，以示与一般变量的区别。例如：

```
int *p,*q;                  //定义两个整型指针变量 p,q
float *x;                   //定义一个实型指针变量 x
char c='5';                 //定义一个字符型变量 c,并赋初始值'5'
char *r=&c;                 //A
```

A 行中的“&”符号为取地址运算符。本语句表示定义一个字符型指针变量 r，并将变量 c 的地址赋给 r，也称指针变量 r 指向变量 c。

指针变量中存放的是某种类型数据的地址。虽然任何类型的地址总占 4 个字节，但指针变量与其所指向的数据的类型必须相同。即 x 或 p 都不能指向变量 c。

4. 引用变量

在程序编写过程中，有时需要为某个变量起多个名字，此时可采用引用来实现。引用就是给已定义的变量起个别名。引用变量定义的一般格式如下：

```
数据类型 &引用名=变量名;
```

其中，变量名必须是已经定义的，并且与引用的类型相同。例如：

```
int solution;               //定义整型变量 solution
int &result=solution;       //定义引用型变量 result,它是对 solution 的引用
result=5;                   //result 的值为 5,solution 的值也是 5
```

定义引用变量时，必须对其初始化，即赋值号以及后面部分不可缺少，说明是为哪个变量起别名。

2.2.4 数据的输入/输出

数据的输入/输出在程序设计中是必不可少的。在 C++语言中，数据的输入/输出由预定义的库函数或对象来完成。在 C++标准类 iostream 中包含标准输入流对象 cin 和标准输出流对象 cout，分别用来实现从键盘读取数据，以及将数据在屏幕上输出，该类在头文件 iostream.h 中被定义。

1. 数据的输入

输入数据时，由 cin 配合使用提取操作符“>>”进行，一般格式如下：

```
cin>>变量名 1>>变量名 2>>…>>变量名 n;
```

例如：

```
int x;                      //定义整型变量 x
float y;                    //定义实型变量 y
char c;                     //定义字符型变量 c
cin>>x>>y>>c;               //依次输入一个整型数、实型数和字符型数,
                            //分别存入变量 x,y,c 中
```

输入数据时用空格、水平制表符(Tab)或回车符作为分隔，最后以回车符确认。若执行上述语句时输入数据：

```
8   12.5   g↙
```

则变量 x 的值为 8，变量 y 的值为 12.5，变量 c 的值为字符‘g’。

输入数据的类型应该与变量的类型一致，否则变量赋值会出现异常。如果执行上述语句时输入数据：

```
12.5  8  g↙
```

则变量 x 的值为 12，变量 y 的值为 0.5，变量 c 的值为字符‘8’。

空格和回车符也是字符，但用 cin 输入时却不能接收它们，此时可用函数 cin.get 来实现。例如：

```
char ch;                    //定义字符型变量 ch
cin.get(ch);                //输入一个字符(可以是空格或回车符),存放到变量 ch 中
```

2. 数据的输出

输出数据时，由 cout 配合使用插入操作符“<<”进行，其一般格式如下：

```
cout<<表达式 1<<表达式 2<<…<<表达式 n;
```

例如：

```
int x=1,y,z(3);
float value=3.71;
cout<<"x="<<x<<'\n';                              //输出 x=1
cout<<"value ="<<value<<'\t'<<"z="<<z<<endl;     //输出 value =3.71   z=3
```

双引号中的字符串按原样输出，endl 的作用同'\n'，用来控制输出格式。

2.3　运算符与表达式

C++语言中的运算符包括算术运算符、关系运算符、逻辑运算符、赋值运算符等，表达式由变量、常量和运算符等按照 C++语言的语法规则组成。表达式运算时应注意运算符的优先级、结合性，以及操作数的个数及类型等约定，表 2-5 列出了 C++语言中的部分运算符及其优先级和结合性。

表 2-5　C++语言中部分运算符的优先级和结合性

优先级	运算符	结合性
1	::、()、[]、.、->、&、++、--	从左向右
2	!、++、--、-、+、(类型)、*、&、sizeof、new、delete	从右向左
3	*、/、%	从左向右
4	+、-	从左向右
5	<<、>>	从左向右
6	<、<=、>、>=	从左向右
7	=、!=	从左向右
11	&&	从左向右
12	||	从左向右
13	?:	从右向左
14	=、+=、-=、*=、/=、%=	从右向左
15	,	从左向右

其中优先级的值越小，优先级越高。

2.3.1 算术运算符

算术运算符有单目运算符正(+)、负(–)，其操作数只有一个；双目运算符(二元运算符)加(+)、减(–)、乘(*)、除(/)、取余(或称求模%)，有两个操作数，其中正、负运算符的优先级高于乘、除、取余运算符，乘、除、取余运算符的优先级又高于加、减运算符的优先级。对于除法运算，分母不能为零，且两个整数相除的结果为整数；取余运算符两边的操作数必须是整型数，且运算符右边不能为零，其结果是两数相除后所得到的余数。

【例 2-2】写出下列各语句的输出结果。

```
int x=6;
cout<<-x;               //A
cout<<(1+'a');          //B
cout<<(5/3-8);          //C
cout<<(5%3*5/3);        //D
```

程序分析

整型变量 x 的值为 6，A 行输出–x，故输出结果为–6；由于字符 a 的 ASCII 码值为 97，故 B 行的输出结果是 98。C 行中，5/3 的值为 1，故输出结果为–7。D 行中，5%3 的值为 2，乘以 5 后值为 10，10/3 的值为整数，故输出结果为 3。

2.3.2 赋值运算符

赋值运算符(=)为双目运算符，从右向左结合，其一般格式如下：

```
变量名=表达式;
```

其作用是将右边表达式的值赋给左边的变量，主要用来修改变量的值。“=”号左边只能是变量名。例如：

```
int a,b;                //定义整型变量 a,b
a=5;                    //将 5 赋给变量 a
b=a=a-2;                //将 a 的值减 2 后重新赋给 a,再将 a 的值赋给 b,
                        //相当于 a=a-2;b=a;
cout<<b;                //输出 3
```

在赋值运算中，赋值号左右两端的类型应该一致或相互兼容。例如：

```
char cc=98;             //定义字符型变量 cc,并赋初值 98
cout<<cc<<endl;         //输出字符'b'
```

除了赋值运算符“=”外，C++语言还提供了多种复合赋值运算符，如+=、–=、*=、/=、%=等，它们的含义如表 2-6 所示。

表 2-6　C++语言中部分复合赋值运算符的含义

复合赋值运算符表达式	一般表达式
x+=a	x=x+a

续表

复合赋值运算符表达式	一般表达式
x-=a	x=x-a
x*=a	x=x*a
x/=a	x=x/a
x%=a	x=x%a

复合赋值运算符的功能是将运算符右边的值与左边变量的值进行相应的算术运算后，再将运算结果赋给左边的变量，必须遵循赋值与算术运算双重规则的制约。例如：

```
int a=6,b=1,c=8;
b*=a+2;                          //相当于 b=b*(a+2),b 的值为 8
a/= -c%3;                        //相当于 a=a/(-c%3),a 的值为-3
c-1+=a/4;                        //错误的表达式,复合赋值运算符的左边不是一个变量
```

在 C++语言中，凡多于一个符号的运算符称为复合运算符，复合运算符是一个整体，中间不能用空格隔开。

2.3.3 关系运算符

关系运算符包括大于(>)、小于(<)、大于等于(>=)、小于等于(<=)、等于(==)和不等于(!=)。关系运算符的优先级低于算术运算符，高于赋值运算符，其中等于(==)与不等于(!=)的优先级又低于其他关系运算符。关系运算符都是双目运算符，其运算结果为逻辑值真(true)和假(false)。例如：

```
int a= 4>5;                      //相当于 int a=(4>5);a 的值为 0
int b=(5!=4)==(8>=2);            //相当于 int b=((5!=4)==(8>=2));b 的值为 1
```

这里需特别注意等于运算符(==)与赋值运算符(=)的区别。当对两个表达式的值进行比较时，要用等于运算符(==)，而不能用赋值运算符(=)。例如：

```
int a=3==8,b=4,c;                //相当于 int a=(3==8),b=4;a 的值为 0,b 的值为 4
c=a+4==b;                        //相当于 c=(a+4==b);c 的值为 1
```

2.3.4 逻辑运算符

逻辑运算符包括逻辑非(!)、逻辑与(&&)和逻辑或(||)。其中!是单目运算符，&&和||是双目运算符，! 的优先级高于算术运算符，&&和||的优先级低于关系运算符。在逻辑运算中，所有非零值都表示逻辑真(true)，0 表示逻辑假(false)。

1. 逻辑非

逻辑非为取反运算。若 a 的值为真，则!a 的值为假；若 a 的值为假，则!a 的值为真。表达式 a==0 与表达式!a 具有相同的逻辑值，表达式 a!=0 与表达式 a 具有相同的逻辑值。

2. 逻辑与

仅当两个操作数的值均为真时，逻辑与的运算结果才为真，其他情况均为假。例如：

```
5&&'A'                                //值为真
```

```
(3<9)&&(2==1)                         //值为假
```

3. 逻辑或

仅当两个操作数的值均为假时，逻辑或的值为假，其他情况均为真。例如：

```
(3<9)||(2==1)                         //值为真
(3>9)||(2==1)                         //值为假
```

4. 逻辑运算的优化

为了更快地运行程序，C++语言规定在运算过程中，一旦逻辑表达式的值已经能够确定，运算将不再继续进行。

【例 2-3】设已定义变量 a 和 b，其值分别为 4 和 7，写出下列各语句的输出结果，并说明语句执行后变量 a 和 b 的值。

```
cout<<((b=5))||(a=6))<<endl;          //A
cout<<(a=(a-4)&&(b=1))<<endl;         //B
```

程序分析

A 行中先执行 b=5，b 的值变为 5，为真，此时 a=6 不执行，因此 a 的值仍为 4。输出结果为 1。

在 B 行中，先进行(a-4)&&(b=1)的运算，由于 a-4 的值为 0，进行&&运算时，和有操作数 b=1 无关，因而(a-4)&&(b=1)的值为 0，故 a 的值为 0，所以输出结果为 0。因为 b=1 同样不执行，因此 b 的值还是 5。

2.3.5　其他运算符

C++语言中还提供了其他多种运算符，如自增运算符、自减运算符、条件运算符等。

1. 自增和自减运算符

自增(++)和自减(– –)运算符是单目运算符，++表示将操作数加 1，– –表示将操作数减 1。例如：“x++;”表示将 x 加 1 后再赋给 x，等同于“x=x+1;”。

++和– –运算根据运算符的位置不同分前置和后置两种。所谓前置自增是指先将变量值自增后再参与表达式的运算，后置自增是指先参与表达式的运算后变量值再自增。自减运算的含义类似。例如：

```
int x=3, y=3;
cout<<++x<<end;                       //输出 4,x 的值为 4
cout<<y--<<endl;                      //输出 3 后 y 的值变为 2
```

2. sizeof 运算符

C++语言中提供的 sizeof 运算符是单目运算符，用来确定某种数据(常量、变量等)和类型在内存中所占的字节数，其一般格式如下：

```
sizeof(类型名)
```

或

```
sizeof(表达式)
```

例如：

```
cout<<sizeof(char);                    //输出 1
cout<<sizeof('A'+3);                   //输出 4
cout<<sizeof(4.0+2);                   //输出 8
```

3. 条件运算符

条件运算符(?:)是C++语言中唯一的三目运算符，其一般格式如下：

```
表达式 1? 表达式 2:表达式 3;
```

当表达式 1 的值为真时，整个表达式的值为表达式 2 的值，表达式 3 不运算；否则运算结果为表达式 3 的值，表达式 2 不运算。例如：

```
int x=1,y(3),z;
z=x>y?++x:y++;
cout<<x<<'\t'<<y<<'\t'<<z<<endl;    //输出结果是 1  4  3
```

4. &与*运算符

&与*运算符均为单目运算符，其中&运算符为地址运算符，其作用是返回变量的地址值。*运算符为指针运算符(也称为间接访问运算符)，其作用是求指针变量所指内存空间的值。例如：

```
char c='5',*r;                         //A
r=&c;                                  //B
cout<<*r;                              //C
*r='7';                                //D
```

在 A 行，*表示 r 是一个指针变量；B 行将 c 的地址赋给 r；C 行与 D 行中*r 为指针变量 r 所指变量 C 的值，C 行输出字符'5'，D 行相当于 c='7'。

注意 A 行与 C 行中 * 的区别，以及 B 行中&与引用的区别。

5. 逗号运算符

逗号运算符(,)是双目运算符，优先级最低。逗号表达式的一般格式如下：

```
表达式 1,表达式 2,…,表达式 n;
```

其含义为依次从左到右运算表达式 1、表达式 2、…、表达式 n，并将表达式 n 的值作为整个逗号表达式的值。例如：

```
d=(x=1,3+x,++x);                       //d 的值为 2
```

2.3.6 类型转换

当表达式中出现多种类型的数据进行混合运算时，首先要将操作数转换成相同类型。C++的类型转换有自动类型转换、强制类型转换两种。

1. 自动类型转换

自动类型转换又称隐式类型转换。在双目运算中，如果两个操作数的类型不一致，则自动进行类型转换。转换的基本原则是将精度较低的类型向精度较高的类型转换，其具体的转换顺序表示如下：

```
char→short→int→long→float→double
```

另外，字符型数据参与运算时是用它的 ASCII 码进行运算的，因而会自动转换成整型数据；实型数据参与运算时会自动转换成双精度型数据。

进行赋值运算时，若左右两边操作数的类型不一致，则将右边操作数转换成左边变量的类型。例如：

```
int a=1;
float x=3.5;
a=x;                              //a 的值为 3
cout<<'F'-'B'<<endl;              //输出整数 4
cout<<x+2<<endl;                  //输出双精度型数 5.5
cout<<(a*6+x/2-'1')<<endl;        //输出双精度型数-29.25
```

在执行上述语句时，变量 x 的值不改变。

2. 强制类型转换

强制类型转换也称为显式类型转换，是指将一个表达式强制转换成某个指定类型，其一般格式如下：

```
(数据类型名)表达式
```

或

```
数据类型名(表达式)
```

例如：

```
cout<<(int)3.5;                   //输出 3
cout<<2/(float)3;                 //输出 0.666667
```

2.3.7 表达式

C++语言中有多种表达式，如算术表达式、关系表达式、逻辑表达式、赋值表达式、条件表达式、逗号表达式、混合表达式等。一个常量、一个变量都是一个表达式。每个表达式都有确定的运算结果和确定的类型(结果的类型)。

计算表达式的值不仅要考虑构成表达式的运算符的目数、优先级和结合性，还要考虑操作数类型的转换。

在 C++语言中，表达式的书写格式不同于数学表达式，除了必须用 C++的合法运算符外，表达式中所有的符号必须在同一行上，且表达式中的括号只能是圆括号，用来指定运算次序。C++表达式与数学表达式的对比情况见表 2-7。

表 2-7　C++表达式与数学表达式的对比

数学表达式	C++表达式
$\sqrt{b^2-4ac}$	sqrt(b*b-4*a*c)
$\ln x+10^{-5}$	log(x)+1E-5
$'a'\le x\le 'z'$	'a'<=x&&x<='z'
$\frac{x+2}{\lvert y\rvert}$	(x+2)/fabs(y)

表 2.7 中的 sqrt、log、fabs 均为 C++语言中的标准数学函数。调用时应包含头文件 math.h。

习　题

1. 设有变量 x，y，z，写出下列数学表达式用 C++语言表达的相应形式。

(1) xy　(2) x>y>z　(3) $\frac{2}{x^2y^2}$　(4) $\sqrt{x+y}$　(5) sinx

2. 写出判断 x 为字母字符的表达式。

3. 说明下列字符串的长度分别是多少。

(1) "abc"　(2) "abc\0xy"　(3) "a\134\n\\bc\t"

4. 设有变量定义“int x=2,y=4,z=7；”，写出下列表达式的值以及表达式计算后 x，y，z 的值。

(1) z%=x　(2) z=(++x，y--)　(3) x+y>++z　(4) x>(y>z?y：z)?x：(y>z?y：z)

(5) x=y=z　(6) y==z　(7) (x--<y)&&(++x<z)　(8) (x--<y)||(++x<z)

第 3 章　流程控制语句

一个 C++程序可由若干源程序文件组成，一个源程序文件可由若干函数组成，一个函数可由若干条语句组成。语句按功能分为描述计算机进行操作运算的语句和控制上述语句执行顺序的语句。前一类称为操作运算语句，后一类称为流程控制语句。本章主要介绍 C++程序的控制语句和程序基本结构，并使用基本结构实现简单编程。

3.1　程序的基本控制结构

程序的控制结构用来控制程序中语句的执行顺序。任何程序都可以分解成 3 种基本控制结构，分别是顺序结构、选择结构和循环结构。程序控制语句的分类如图 3-1 所示。

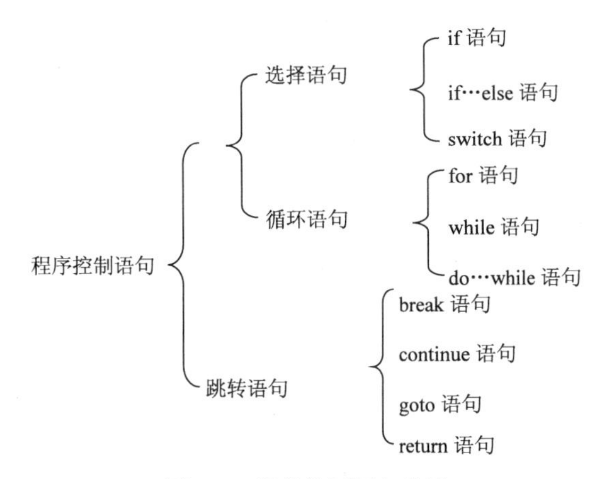

图 3-1　程序控制语句分类

3.1.1　操作运算语句

C++语言的操作运算语句有声明语句、表达式语句、空语句、复合语句等。在 C++语言中使用分号表示一条基本语句的结束。

1. *声明语句*

声明语句是指对某种类型的变量、函数原型、结构、类等的说明。例如：

```
int a=2;                         //声明一个变量
void fun(int x,float y);         //声明一个函数
```

2. *表达式语句*

在表达式后加上分号就构成了一条表达式语句，它的作用是执行表达式的计算。例如：

```
a=a*2;                           //算术表达式语句
a++;                             //后置自增表达式语句
a+5;                             //此语句没有意义,应避免在程序中出现
```

3. 空语句

仅由分号组成的语句称为空语句，它不执行任何动作，通常用在需要语句但又没有具体操作的地方。

4. 复合语句

复合语句又称为块语句或语句块，是由一对花括号将一条或多条语句括起来组成的。例如：

```
{
  t=a;
  a=b;
  b=t;
}
```

上述语句是一个整体，其作用是实现 a 和 b 的值的交换，在语法上被看成单条语句。当程序中需要用多条语句描述某问题，但语法上只能是一条语句时，应使用复合语句。

3.1.2　顺序结构

顺序结构是指程序执行时，按语句块编写顺序从前到后依次执行的结构。例如：

```
int x=6,y,z;
y=4;
z=x+y;
cout<<z;
```

顺序结构流程图如图 3-2 所示。

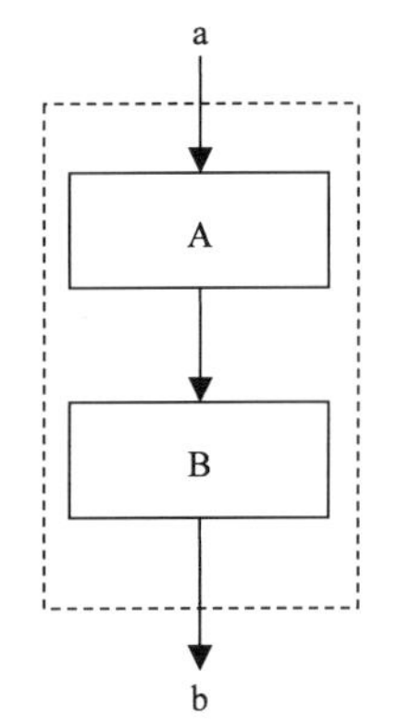

图 3-2　顺序结构流程图

图 3-2 中，a 为程序段的入口，A、B 为实现某种操作的功能块，b 为程序段的出口。

3.2　选 择 结 构

选择结构又称为分支结构，是指根据给定的条件进行判断，由判断结果决定执行哪一步操作。C++语言提供了 3 种进行选择结构设计的语句，即 if 语句、if…else 语句和 switch 语句。

3.2.1　if 语句

if 语句的语法格式如下：

```
if(条件表达式)语句块;
```

它表示如果条件表达式为真，则执行语句块，否则跳过此语句块，执行 if 结构下面的其他语句块，其流程图如图 3-3 所示。

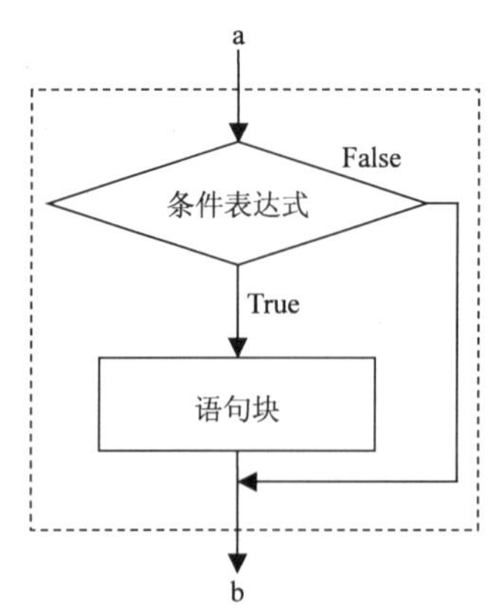

图 3-3　if 语句流程图

【例 3-1】编程求一个整数的绝对值。

程序设计

一个负数的绝对值是该数的相反数，即当数 a<0 时，应该

执行 a=-a；而当 a≥0 时，其绝对值即为 a，无需执行上述语句，故可用 if 语句实现。

源程序代码

```
#include <iostream.h>
void main()
{
    int a;
    cin>>a;
    if(a<0)a=-a;
    cout<<a<<endl;
}
```

3.2.2　if…else 语句

if…else 语句又称为双分支选择结构，其语法格式如下：

```
if(条件表达式)语句块 A;
else 语句块 B;
```

它表示如果条件表达式为真，则执行语句块 A，否则执行语句块 B，其流程图如图 3-4 所示。

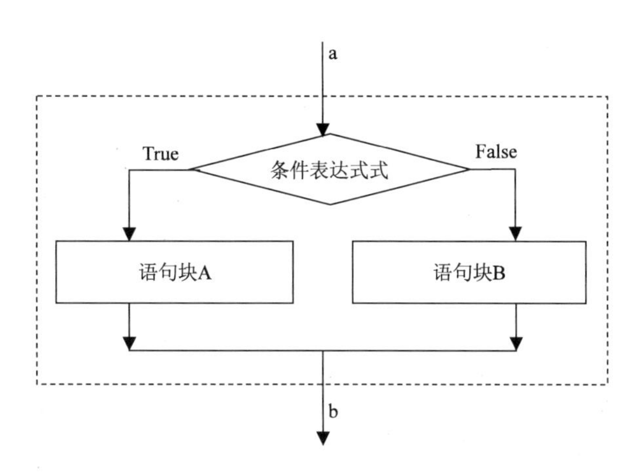

图 3-4　if…else 语句流程图

【例 3-2】用 if…else 语句编程实现求一个整数的绝对值。

程序设计

本题可以把整数看成有非负数和非负数两种选择，故可选用 if…else 语句实现转出。

源程序代码

```
#include <iostream.h>
void main()
{
    int a;
    cin>>a;
    if(a<0)cout<<-a;
```

```
    else cout<<a;
    cout<<endl;
}
```

3.2.3 switch 语句

switch 语句也称为多分支选择语句，或称开关语句，其语法格式如下：

```
switch(表达式)
{
    case 常量表达式 1:语句序列 1;brcak;
    case 常量表达式 2:语句序列 2;break;
    …
    case 常量表达式 n:语句序列 n;break;
    default:语句序列 n+1;
    }
```

它的含义为：先计算 switch 后表达式的值，并与各 case 后面的常量表达式的值比较，如果与第 i(1≤i≤n)个常量表达式的值相等，则执行语句序列 i，直到遇到 break 语句，跳出 switch 结构。如果与任何一个常量表达式的值都不相等，则执行语句序列 n+1 后跳出 switch 结构。其流程图如图 3-5 所示。

在 switch 语句中，各表达式的值只能是整型、字符型或枚举类型，且每个常量表达式的值必须互不相同。

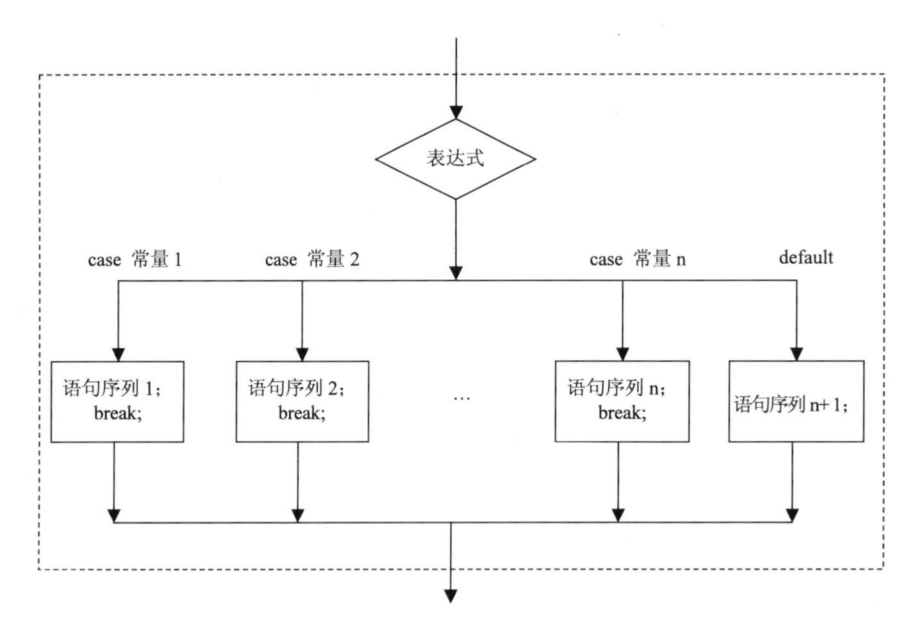

图 3-5 switch 语句流程图

【例 3-3】编写程序，根据输入的学生百分制成绩给出相应的等级。假设 90 分(含 90 分)以上为 A，80~89 分为 B，70~79 分为 C，60~69 分为 D，60 分以下为 E。

程序设计

本题程序可以用 if…else 语句实现，也可以用 switch 语句实现，但一般情况下对于多分支情况，用 if…else 语句容易引起逻辑上的错误，而用 switch 语句可以更清楚地表示各语句逻辑上的关系，故这里采用 switch 语句实现。用 score 变量表示学生成绩，由于等级取决于 score 十位上的数，而与个位数无关，所以通过 score/10 和 default 将成绩分成 6 种情况。

源程序代码

```
#include <iostream.h>
void main()
{
    int score;
    cin>>score;
    switch(score/10){
        case 10:
        case 9:cout<<'A'<<'\n';break;
        case 8:cout<<'B'<<'\n';break;
        case 7:cout<<'C'<<'\n';break;
        case 6:cout<<'D'<<'\n';break;
        default:cout<<'E'<<'\n';
    }
}
```

switch 结构中的 break 语句不是必需的，但它的作用是结束 switch 结构。如果某个 case 后的语句序列中不包括 break 语句，则将无条件地继续执行下一个 case 后的语句，而不进行任何条件判断。同时，switch 结构中的 default 可以放在 switch 中的任何位置，且也不是必需的。当 switch 中无 default 且匹配失败时，将跳过 switch 语句。

【例 3-4】 设 grade 表示学生成绩，根据输入值分析以下程序的输出结果。

```
#include <iostream.h>
void main()
{
    int grade;
    cin>>grade;
    switch(grade/10){
        case 9:
        case 10:
        case 7:
        case 8:
        case 6:cout<<"通过"<<'\n'; break;
        default:cout<<"不通过"<<'\n';
    }
}
```

程序分析

本题程序执行过程中，由于 case 9、case 10、case 7、case 8 后面都是空语句，且没有 break

语句，故若输入大于等于 60 的整数，则输出“通过”，否则输出“不通过”。

3.2.4　条件语句的嵌套

根据求解问题的需要，可以在 if 语句中嵌套 if 语句，还可以嵌套 switch 语句。同样 switch 语句中也可以嵌套 if 语句，此时称为条件语句的嵌套。

【例 3-5】从键盘输入一个字符，判断其类型。假设将字符分为控制字符(ASCII 码小于 32 的字符)、大写字母、小写字母、数字字符和其他字符 5 类。

程序设计

为了包括空格、换行符等特殊字符，用 cin.get 函数输入一个字符变量。由于字符在内存中是以 ASCII 码的形式存储的，故对于输入的字符，若其 ASCII 码值小于 32，则为控制字符；否则，若 ASCII 码值大于等于字符‘A’，且小于等于字符‘Z’，则该字符为大写字母；以此类推，剩余的为其他字符。

源程序代码

```
#include <iostream.h>
void main()
{
    char c;
    cin.get(c);
    if(c<32)cout<<"这是一个控制字符。"<<endl;
    else if(c>='A'&&c<='Z')cout<<"这是一个大写字母。"<<endl;
        else if(c>='a'&&c<='z')cout<<"这是一个小写字母。"<<endl;
            else if(c>='0'&&c<='9')cout<<"这是一个数字字符。"<<endl;
                else cout<<"这是一个其他字符。"<<endl;
}
```

在 if…else 语句中，只能在 if 后面加条件，而不可以将条件加到 else 后面，并且每个 else 必须跟唯一一个 if 配对，配对的方法是与在它上方离它最近且在同一个块中没有配对过的 if 配对。

【例 3-6】编写程序完成两个数的四则运算。

程序设计

本题需要按输入的运算符确定具体的运算，是多选择问题，所以采用 switch 语句实现。同时进行除法运算时分母不能为 0，故需要用条件语句进行判断。

源程序代码

```
#include <iostream.h>
void main()
{
    float a,b;
    char ch;
    cout<<"请输入表达式(格式为 a+b):";
    cin>>a>>ch>>b;
    switch(ch){
        case  '+':cout<<a<<'+'<<b<<'='<<a+b<<'\n';break;
```

```
        case  '-':cout<<a<<'-'<<b<<'='<<a-b<<'\n';break;
        case  '*':cout<<a<<'*'<<b<<'='<<a*b<<'\n';break;
        case  '/':
            if(b==0)cout<<"分母不能为零!"<<'\n';
            else cout<<a<<'/'<<b<<'='<<a/b<<'\n';
            break;
        default:
            cout<<"表达式错误!"<<'\n';
      }
}
```

3.3　循环结构

在程序设计中，常常需要根据条件重复执行一些操作，这种重复执行的过程称为循环。C++程序中有 3 种循环语句，分别是 while 语句、do…while 语句和 for 语句。

3.3.1　while 语句

while 语句属于当型循环，其语法格式如下：

```
while(条件表达式)
  循环体;
```

执行时先计算条件表达式的值，若为真则执行循环体；然后再计算表达式的值，直至条件表达式的值为假，退出循环。其中，条件表达式可以是任何合法的表达式，但不能是空表达式，称为循环控制条件；循环体可以是单语句、复合语句，也可以是空语句。while 语句流程图如图 3-6 所示。

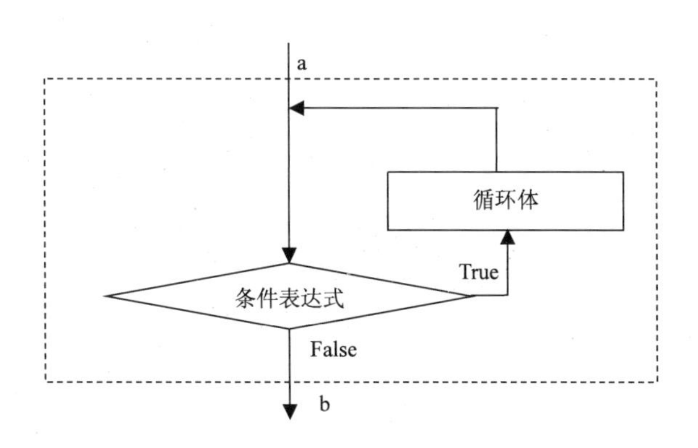

图 3-6　while 语句流程图

【例 3-7】编写程序，求 s=1+2+…+100。

程序设计

设置变量 s，用于存放和，其初始值为 0。本题是将一些数重复地加到 s 上。这里可设置变量 i，初始值设为 1，使其不断增加来控制重复次数，该变量称为循环变量，即循环条件为 i<=100。

源程序代码

```
#include <iostream.h>
void main()
{
    int i=1,s=0;
    while(i<=100){                //A
      s+=i;
      i++;                        //改变循环变量
    }                             //B
    cout<<s<<endl;
}
```

程序分析

在执行循环的过程中，若循环无法终止，将形成死循环(或称无限循环)，在设计程序时应避免死循环的出现。如例 3-7 的程序中，将 A 行中的条件表达式改为 1，或将 A 行和 B 行的花括号去掉，条件永远成立，将形成死循环。

3.3.2　do…while 语句

do…while 语句属于直到型循环，其语法格式如下：

```
do{
  循环体;
}while(条件表达式);
```

首先执行循环体，然后计算条件表达式的值，当条件表达式的值为真时，继续执行循环体，直至表达式的值为假。do…while 语句的流程图如图 3-7 所示。

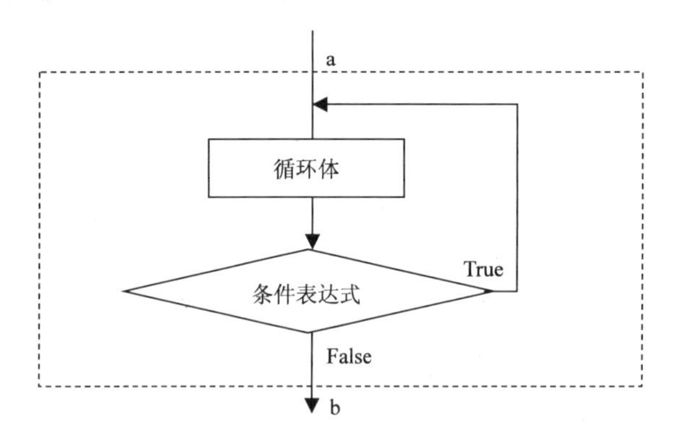

图 3-7　do…while 语句流程图

【例 3-8】 用 do…while 语句编写程序，求 s=1+2+…+100。

程序设计

例 3-8 与例 3-7 相比，变量的初始值、循环条件、循环体相同，但语句格式不同，执行过程也有区别。do…while 语句先执行循环体，再判断循环条件，也就是说循环体至少执行一次。

源程序代码

```
#include <iostream.h>
```

```
void main()
{
    int i=1,s=0;
    do{
        s+=i;
        i++;
    }while(i<=100);
    cout<<s<<endl;
}
```

程序分析

本例程序中，循环体是一个由两条语句组成的复合语句，也可以改为：

```
do{
    s+=i++;
}while(i<=100);
```

使用循环语句时，需仔细考虑循环的边界条件。如将本例程序中的自增语句改成前置或放到循环条件上，程序又应该如何改写呢？

3.3.3　for 语句

for 语句的语法格式如下：

```
for(表达式 1;表达式 2;表达式 3)
    循环体;
```

其执行过程如下。

步骤 1：执行表达式 1。

步骤 2：判断表达式 2 的值，若为真，则执行循环体，转步骤 3；否则循环结束。

步骤 3：执行表达式 3，转步骤 2。

在 for 语句中，3 个表达式都可以是任何合法的表达式，也可以是空表达式，表达式 1 和表达式 3 空表示不做任何操作，表达式 2 空表示条件恒成立。for 语句的流程图如图 3-8 所示。

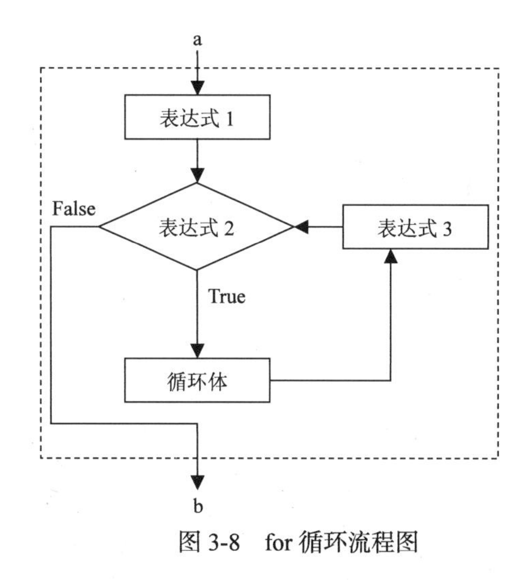

图 3-8　for 循环流程图

【例 3-9】用 for 语句编写程序，求 s=1+2+…+100。

程序设计

根据 for 语句的执行过程，表达式 1 可以初始化变量，表达式 2 用作循环条件，表达式 3 修改循环变量。

源程序代码

```
#include <iostream.h>
void main()
```

```
{
    int i,s=0;
    for(i=1;i<=100;i++)
        s+=i;
    cout<<s<<endl;
}
```

程序分析

本例中同样可以将自增语句放到循环体中，此时 for 语句中的表达式 3 为空语句：

```
for(i=1;i<=100;){
    s+=i;
    i++;
}
```

实际上，3 种循环语句在使用时是可以相互转换的，在使用时要注意各语句的执行过程，变量初始值、循环结束条件以及每种语句的语法格式，必须严格按照语法格式来写。

一般来说，已知循环次数时，常选用 for 语句和 while 语句，而在不知道循环次数的情况下，多选用 do…while 语句。不论使用哪种循环语句，都必须注意循环什么时候开始，什么时候结束，以及哪些语句应该参与循环。

3.3.4　循环语句的嵌套

一个循环语句的循环体中包含另一个循环语句，称为循环语句的嵌套，也称为多重循环。另外，循环语句与选择语句也可以相互嵌套。

【例 3-10】编程计算 s=1!+2!+…+10!。

程序设计

首先需要用循环语句求 10 个值的和，其中每个值是一个阶乘，也就是对于每个循环变量 i(1≤i≤10)要计算 i!。为此又需要通过循环语句使循环变量 j 从 1 到 i 作连乘运算，故需要双重循环。

源程序代码

```
#include <iostream.h>
void main()
{
    int i,j,t,s=0;
    for(i=1;i<=10;i++){             //外层循环开始
        t=1;                        //A
        for(j=2;j<=i;j++)           //内层循环开始
            t=t*j;                  //内层循环结束
        s+=t;
    }                               //外层循环结束
    cout<<s<<endl;
}
```

程序分析

程序中外层循环用来求 10 个数的和，其中 A 行语句不可放到外层循环之前，这是因为对于每个循环变量 i，i!都应该从初始值 1 开始计算。

本例也可以用单循环来实现，源程序代码如下：

```
#include <iostream.h>
void main()
{
    int i,j,t=1,s=0;
    for(i=1;i<=10;i++){
        t=t*i;
        s+=t;
    }
    cout<<s<<endl;
}
```

3.3.5 控制执行顺序的语句

控制执行顺序的语句主要有 break、continue 和 goto 语句通常与循环语句一起使用，以控制循环过程。

1. break 语句

break 语句的语法格式如下：

```
break;
```

除了前面在 switch 语句中用于跳出 switch 结构外，break 语句还可以用在循环结构中，实现跳出循环结构，执行循环结构后面的语句。

【例 3-11】编写程序，判断一个整数是否为素数。

程序设计

判断整数 n 是否为素数的方法为：用 n 分别除以数 2~(n–1)，用 n 分别除以数 2~n/2，也可以用 n 分别除以数 2~$\sqrt{n}$，若都不能整除，则 n 是素数，否则 n 不是素数。本例用 n 分别除以数 2~(n–1) 来判断。

源程序代码

```
#include <iostream.h>
void main()
{
    int n,k=1;
    cout<<"请输入一个整数:";
    cin>>n;
    for(int i=2;i<=n-1;i++)
        if(n%i==0){
        k=0;
        break;
    }
    if(k)cout<<n<<"是素数!"<<'\n';
    else cout<<n<<"不是素数!"<<'\n';
}
```

程序分析

本程序中的 k 起到标识 n 是否为素数的作用，编程时也可以不使用变量 k，直接判断 n 是否为素数。代码如下：

```
for(int i=2;i<=n-1;i++)                    //A
    if(n%i==0)break;
if(i>n-1)cout<<n<<"是素数!"<<'\n';
else cout<<n<<"不是素数!"<<'\n';
```

A 行循环语句执行到某个 i(i≤n–1)时，由于 i 是 n 的因子，通过 break 语句结束循环，此时 n 不是素数，且 i≤n–1。如果在循环条件 i≤n–1 不满足(即 i>n–1)时结束，表示 n 没有被 2~(n–1)的任一数整除，此时 n 是素数。

2. continue 语句

continue 语句的语法格式如下：

```
continue;
```

它的作用是跳过循环体中 continue 后面的语句，即结束本次循环，开始下一次循环。continue 语句只能用在循环结构中。

【例 3-12】编程求 2~100 的非素数。

程序设计

逐个判断 2~100 的每一个数是否为素数，若是则跳过该数判断下一个数，否则输出。程序中用 i 除以数 2~i/2 来判断 i 是否为素数。

源程序代码

```
#include <iostream.h>
void main()
{
    int i,j,k=0;                          //变量 k 用来存放素数的个数
    for(i=2;i<=100;i++){
        for(j=2;j<=i/2;j++)               //判断 i 是否为素数
            if(i%j==0)
                break;
        if(j>i/2)                         //i 是素数
            continue;                     //结束本次循环
        k++;
        cout<<i<<'\t';
    }
    cout<<'\n';
    cout<<"共有"<<k<<"个非素数."<<'\n';
}
```

程序分析

当 j>i/2 时，说明所有的 i%j 均不为零，即 i 是素数，此时语句“k++;”与“cout<<i<<'\t';”不执行，故用 continue 语句将它们跳过，进入下一次循环，判断下一个 i。

3. goto 语句

goto 语句又称为无条件转向语句，其语法格式如下：

```
goto  label;
…
label:
```

它的作用是将程序控制转移到label标号指定的语句处继续执行。标号是用户命名的一个标识符，无需定义，但goto语句与标号label必须在同一个函数中。

在多重循环中，处于内层的goto语句可以直接跳转到外层，goto语句会破坏了程序的结构，使得程序层次不清且不易阅读，故一般不主张使用。

3.4 程序举例

【例3-13】编写程序，求方程 $ax^2+bx+c=0$ 的解。

程序设计

定义3个变量a，b，c分别存放从键盘输入的方程系数，利用条件语句，根据求根公式判断方程解的情况。

源程序代码

```
#include <iostream.h>
#include <math.h>
void main(void)
{
    float a,b,c,delta;
    cout<<"输入三个系数:";
    cin>>a>>b>>c;
    delta=b*b-4*a*c;
    if(delta>=0){
        delta=sqrt(delta);
        if(delta){
            cout<<"方程有两个不同的实根 ";
            cout<<"x1="<<(-b+delta)/2/a<<'\t';
            cout<<"x2="<<(-b-delta)/2/a<<'\n';
            }
        else{
            cout<<"方程有两个相同的实根 ";
            cout<<"x1=x2="<<-b/2/a<<'\n';
            }
        }
    else  cout<<"方程没有实根! \n";
}
```

【例3-14】求出所有的“水仙花数”。

程序设计

所谓“水仙花数”是指一个3位数，其各位数字的立方和恰好等于该数本身。例如 $153=1^3+5^3+3^3$，所以153是水仙花数。本题可由多种方法实现。

方法 1：穷举出所有 3 位数，对每个 3 位数，先分别求出其百、十、个位上的数字，再求出各数字的立方和，最后判断其和与这个 3 位数是否相等。

方法 2：对方法 1 进行改进，其中求各位数字的立方和用循环语句实现，即先将原数 i 用变量 n 保存下来，求出 n 的最后一位数(用取余运算)，同时将最后一位数的立方加到和 s 中，并用 n/10 取代 n(去掉这个数的最后一位)，重复此过程，直到 n 是 0 为止，最后判断 s 与 i 是否相等，此方法求和时，对整数的位数没有限制。

方法 3：用 3 个变量分别表示 3 位数的百位、十位和个位，利用 3 重循环嵌套，组合出所有 3 位数，判断该 3 位数是否满足水仙花数的条件。

源程序代码

方法 1：

```
#include<iostream.h>
void main()
{
    int i,a,b,c;
    for(i=100;i<=999;i++){
        a=i/100;                        //a 是数 i 的百位数
        b=i/10-a*10;                    //b 是数 i 的十位数
        c=i-b*10-a*100;                 //c 是数 i 的个位数
        if(i==a*a*a+b*b*b+c*c*c)
                cout<<a<<b<<c<<endl;
        }
}
```

方法 2：

```
#include<iostream.h>
void main()
{
    int i,n,k,s;
    for(i=100;i<=999;i++){
        s=0;n=i;
        while(n){
            k=n%10;                     //取出最后一位数
            n/=10;                      //去掉最后一位
            s+=k*k*k;                   //将取出数的立方加到和中
          }
        if(i==s)cout<<i<<endl;
       }
}
```

方法 3：

```
#include<iostream.h>
void main()
{
```

```
    int i,j,k;
    for(i=1;i<=9;i++)                       //百位数
        for(j=0;j<=9;j++)                   //十位数
            for(k=0;k<=9;k++)               //个位数
                if(i*100+j*10+k==i*i*i+j*j*j+k*k*k)
                    cout<< i*100+j*10+k <<endl;
}
```

【例 3-15】设计一个程序，求 Fibonacci 数列的前 20 项。要求每行输出 4 项。

程序设计

Fibonacci 数列是指满足下列条件的数列：

$$f_n=\begin{cases}1 & n=1\\ 1 & n=2\\ f_{n-1}+f_{n-2} & n\geqslant 3\end{cases}$$

本题可重复使用 3 个变量 f1、f2 和 f3，迭代出第 3~20 项，即由 f3=f1+f2，f1=f2，f2=f3 逐项计算出每一项。

源程序代码

```
#include <iostream.h>
#include <iomanip.h>                        //A
void main(void)
{
    long int f1=1, f2=1, f3;
    cout<<setw(12)<<f1<<setw(12)<<f2;       //B,输出前 2 项
    for(int n=3; n<=20;n++){                //求第 3~20 项
            f3=f1+f2;
            cout<<setw(12)<<f3;             //C,输出新值
            f1=f2; f2=f3;                   //更新 f1 和 f2,注意赋值次序
            if(n%4==0)cout<<'\n';           //每行输出 4 项
        }
    cout <<endl;
}
```

程序设计

程序中 B 行及 C 行用库函数 setw 设置输出宽度，使用是应包含在头文件 iomanip.h，故 A 行不可少。setw(12)表示其后的输出项占 12 个字节，右对齐。

【例 3-16】利用迭代法求平方根的近似值，要求前后两次求出的近似值之差的绝对值小于 10^{-5}。迭代公式为 $x_{n+1}=(x_n+a/x_n)/2$。

程序设计

本程序设计的思路是指定一个初始值 x0，依据迭代公式计算出 x1。若|x1–x0|<ε(ε=10^{-5})停止迭代，否则将 x1 作为 x0，依据迭代公式重新计算出 x1，再比较 x1 与 x0 之差的绝对值。如此重复，直到满足|x1–x0|<ε。

源程序代码

```
#include <iostream.h>
#include <math.h>
void main(void)
{
    float x0,x1,a;
    cout<<"输入一个正数:";
    cin>>a;
    if(a<0)cout<<a<<"不能开平方! \n";
    else{
        x1=a/2;                              //初始值
        do{ x0=x1;
            x1=(x0+a/x0)/2;
        }while(fabs(x1-x0)>1e-5);
        cout<<a<<"的平方根等于:"<<x1<<'\n';
    }
}
```

【例 3-17】 用公式$\frac{\pi}{4}\approx 1-\frac{1}{3}+\frac{1}{5}-\frac{1}{7}+\cdots$求 π 的近似值，要求最后一项的绝对值不大于 10^{-6}。

程序设计

公式中每项符号与前一项符号相反，每项分母比前一项分母大 2，循环过程中按此规律循环求出每一项，并加到和中，直到求出满足精度要求的 π/4 值。在循环过程中，通过 k*=–1 实现每项符号的变换。循环结束后再计算 π 的值。

源程序代码

```
#include <iostream.h>
#include <math.h>
void main(void)
{
    do uble pi=0,fac=1,den=1;             //pi 表示和,fac 表示某一项,den 表示分母
    int k=1;
    while(fabs(fac)>1e-6){
        pi+=fac;
        den+=2;
        k*=-1;
        fac=k/den;
    }
    pi*=4;
    cout<<"π的值为:"<<pi<<endl;
}
```

习　　题

1. 编写程序，求从键盘输入的 3 个数中的最大数。

2. 根据输入的 3 条边值判定能否构成三角形，能否求其面积。

3. 任意给定一个月份数，输出它属于哪个季节(12 月、1 月、2 月是冬季；3 月、4 月、5 月是春季；6 月、7 月、8 月是夏季；9 月、10 月、11 月是秋季)。

4. 从键盘输入 10 个整数，求它们的平均值。

5. 从键盘上输入若干学生的成绩，统计并输出其中的最高成绩和最低成绩，当输入负数时结束输入。

6. 计算 s=1+2+3+…+i，累加到 s 大于 1000，并输出 s 和 i 的值。

第4章　数　　组

设计程序时，经常涉及大量同类型的数据，如保存 50 名学生的成绩、通信地址等，此时通过基本数据类型的变量较难处理。为此，C++语言引入了数组。数组是一组数据类型相同的变量的集合，其中的每个变量称为元素。

用一个下标表示大小的数组称为一维数组，用两个以上(含两个)大标表示大小的数组称为多维数组。根据数组保存的数据类型又可以将其分为整型数组、实型数组和字符型数组等。本章主要介绍一维数组和二维数组。

4.1　一维数组与多维数组

4.1.1　一维数组及其使用

1. *定义一维数组*

在 C++语言中，一维数组定义的一般格式如下：

```
数据类型 数组名[数组大小];
```

其中，数据类型是指数组中每个元素的数据类型；数组名应该为合法的标识符；数组大小是指数组中元素的个数，置于下标运算符[ ]中，必须是值大于 0 的常量表达式，通常为整型，不能是实型。如要说明一组变量保存 50 名学生的数学成绩，可以通过定义下列一维数组实现：

```
float a[50];
```

数组的元素由数组名和下标组成，使用一维数组元素的一般格式为：数组名[元素下标]。其中元素的下标表示元素在数组中的位置，通常为整型的变量或常量表达式，必须置于下标运算符中，其值为非负整数，范围是 0 到数组大小减 1。如数组 a 有 50 个元素，分别为 a[0]，a[1]，…，a[49]。

数组在内存中按照元素的先后次序连续存放，如图 4-1 所示。

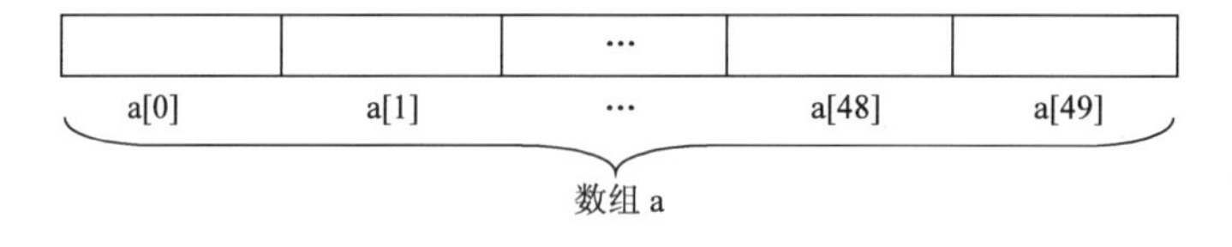

图 4-1　一维数组和元素

数组名 a 是该存储空间的首地址，即元素 a[0]的地址&a[0]是一个常量，可以作为函数的参数传递整个数组。

2. *初始化一维数组*

与变量相似，数组在使用前必须先定义。在使用时各元素通常应该有确定的值。数组除了可以用赋值语句对各元素赋值外，还可以在定义时赋初值，即数组的初始化，一维数组初始化的常用方法如下。

(1) 以集合的形式给出所有元素的值。例如：

```
int a1[5]={1,3,5,7,9};
```

表示 a1[0]、a1[1]、a1[2]、a1[3]、a1[4]的值分别为 1，3，5，7，9。

(2) 以集合的形式给出部分元素的值，其余元素的值为 0。例如：

```
int a2[5]={2,4,6};
```

表示 a2[0]、a2[1]、a2[2]的值分别为 2，4，6，而 a2[3]和 a2[4]的值均为 0。

若定义一维数组的同时初始化，可省略数组大小，系统根据给出的数据个数自动确定数组大小。例如：

```
int a3[ ]={3,6,9};
```

定义了一维数组 a3，元素个数为 3，元素的值从前到后分别为 3，6，9。

用集合对数组进行初始化必须在数组定义的同时进行，不能先定义数组再赋值。以下赋值是错误的：

```
int a4[5];
a4={1,2,3,4,5};                         //错误
a4[5]={1,2,3,4,5};                      //错误
```

3. 使用一维数组

数组的使用通常是针对元素的，即一般情况下，不能直接使用数组，而应该使用数组的元素。

【例 4-1】从键盘输入 10 个整数，按一行 5 个的方式输出。

程序设计

(1) 定义具有 10 个元素的整型数组保存从键盘输入的数据。

(2) 通过循环语句从第一个元素到最后一个元素遍历数组，遍历过程中输入每个元素。

(3) 再次遍历数组，输出每个元素；若满足已输出 5 个元素的条件则输出换行符。

源程序代码

```
#include<iostream.h>
void main()
{
    int a[10],i;
    cout<<"请输入数据:\n";
    for(i=0;i<10;i++)cin>>a[i];      //A
    cout<<"输入的数据为:\n";
    for(i=0;i<10;i++){
        cout<<a[i]<<'\t';
        if((i+1)%5= =0)cout<<'\n';   //B
    }
    cout<<'\n';
}
```

程序分析

输入数组 a 时，只能逐个输入元素，不能整体输入，即 A 行不能写成

```
cin>>a;                              //C 错误
```

或者

```
cin>>a[10];                          //D 错误
```

因为 a 作为数组名，是一个地址常量，不能通过输入语句或赋值语句改变其值，故 C 行错误；而 D 行是输入一个元素，此时下标越界。B 行的功能是当已输出 5 的倍数个元素时，输出一个换行符，注意条件是(i+1)%5=0，因为元素的位置是从 0 开始的，下标为 i 的元素是数组的第 i+1 个元素。

【例 4-2】用下列数据初始化一维数组，并求其中的最大值、最小值和平均值。

8.2　6.5　3　9.7　12　2.8　7.6　15　10.3

程序设计

(1) 定义实型数组 s 并用给出的数据初始化。定义实型变量 s1、s2 和 s3 分别表示最大值、最小值和平均值，并将第一个元素作为最大值和最小值，s3 的初值置为 0。

(2) 遍历数组，将所有元素加到 s3 中，并将大于 s1 的元素赋给 s1，将小于 s2 的元素赋给 s2。

(3) 遍历结束后，s1 中保存了最大值，s2 中保存了最小值，s3 中保存了所有元素的和；s3 除以元素的个数即为平均值。

源程序代码

```
#include<iostream.h>
void main()
{
    float s[]={8.2,6.5,3,9.7,12,2.8,7.6,15,10.3},s1=s[0],s2=s[0],s3=0;
    for(int i=0;i<9;i++)    {
        s3+=s[i];
        if(s[i]>s1)s1=s[i];
        if(s[i]<s2)s2=s[i];
    }
    s3/=9;                          //A
    cout<<"最大值为"<<s1<<",最小值为"<<s2<<",平均值为"<<s3<<"。\n";
}
```

程序分析

例 4-2 定义数组时，没有给出数组的大小，其值由系统自动确定为 9。可以用表达式 sizeof(s)/sizeof(s[0])、sizeof(s)/sizeof(flout)计算元素个数。数组遍历结束后，循环变量 i 的值等于数组大小，因此 A 行可改为

```
s3/=i;
```

4.1.2　二维数组及其使用

1. 定义二维数组

二维数组定义的一般格式如下：

```
数据类型 数组名[数组行数][数组列数];
```

二维数组的大小用行数和列数表示。与一维数组相似，行数和列数必须大于 0，通常为整型常量表达式，分别置于下标运算符中，例如：

```
int b[3][4];    //定义一个3行4列的二维数组
```

二维数组的元素由数组名，行下标和列下列组成，其使用的一般格式为：数组名[行下标][列下标]。其中行下标和列下标分别表示元素所在的行位置和列位置，与一维数组类似，行与列的位置都从 0 开始，到行数或列数减 1 为止。如数组 b 有 12 个元素，如图 4-2 所示。

b[0]:	b[0][0]	b[0][1]	b[0][2]	b[0][3]
b[1]:	b[1][0]	b[1][1]	b[1][2]	b[1][3]
b[2]:	b[2][0]	b[2][1]	b[2][2]	b[2][3]

图 4-2　二维数组和元素

C++语言中，二维数组的元素在计算机内存中按照先行后列的次序连续存放，如数组 b 的元素在内存中的存储如图 4-3 所示。

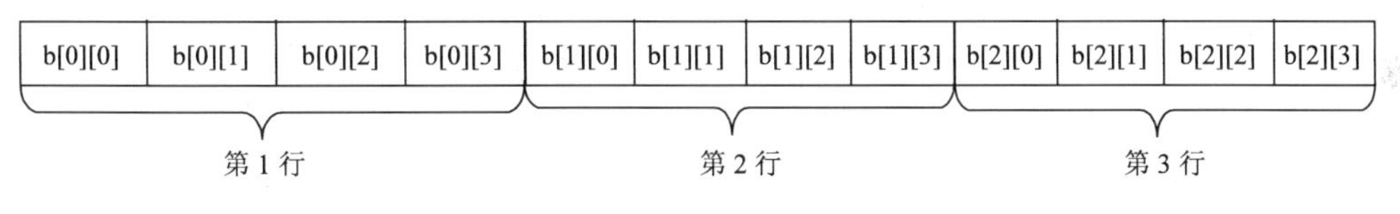

图 4-3　二维数组的存储

二维数组还可以看成一个特殊的一维数组，该一维数组的每个元素又是个一维数组。把数组 b 看成由 b[0]、b[1]、b[2] 3 个元素组成的一维数组，其中 b[0]是由 b[0][0]、b[0][1]、b[0][2]和 b[0][3]组成的一维数组，b[0]是数组名。同样，b[1]既是 b 作为一维数组时的第二个元素，也是由 4 个元素组成的一维数组，见图 4-2。

二维数组的数组名 b 同样是其存储空间的首地址，即元素 b[0]的地址&b[0]，而不是&b[0][0]。&b[0]是一个行地址，该常量地址同样可以用来传递整个二维数组，而&b[0][0]是一个元素的地址。

2. 初始化二维数组

与一维数组类似，在定义二维数组时也可以给每个元素赋初值。二维数组初始化的常用方法如下。

(1) 以行为单位，列出所有元素或部分元素的值，没有赋值的元素值为 0。例如：

```
int b1[3][4] = {{1,2},{3,4,5,6}};
```

数组 b1 中 b[0][0]和 b[0][1]的值分别为 1 和 2；第二行元素的值分别为 3，4，5，6；其他 6 个元素的值都为 0。

(2) 按元素的排列顺序，列出全部或部分元素的值，没有赋值的元素的值为 0。例如：

```
int b2[3][4] = { 1,2,3,4,5,6};
```

数组 b2 中第一行元素的值分别为 1，2，3，4；b[1][0]和 b[1][1]的值分别为 5 和 6；其余元素值均为 0。

定义二维数组时，若初始化，可省略行数，系统根据列出的数据自动确定数组的行数。例如：

```
int b3[ ][4]={ {1,2},{3,4}};
```

```
int b4[ ][4]={ 1,2,3,4,5,6};
```

数组 b3 和 b4 的行数都为 2，每行都有 4 个元素。定义并初始化二维数组时，不能只给出二维数组的行数，而省略其列数，因为此时无法确定二维数组的大小。

3. 使用二维数组

与一维数组类似，二维数组的使用也是针对元素的，通常情况下，只能引用二维数组的各个元素。引用二维数组的元素时，通常用双层嵌套的循环来操作，其中一层循环控制行，另一层循环控制列。

【例 4-3】用下列数据初始化二维数组，并按矩阵的方式输出。

2	8	6	5	3
9	7	12	2	8
7	6	15	10	3

程序设计

(1) 定义 3 行 5 列的整型二维数组 b，并用所给数据初始化。

(2) 用双层循环遍历数组：外层循环控制行，从第 1 行开始，到第 3 行结束；内层循环控制列，从第 1 列开始，到第 5 列结束。

(3) 元素之间用水平制表符'\t'分隔，行之间用换行符'\n'分隔。

源程序代码

```
#include<iostream.h>
void main()
{
    int b[3][5]={{2,8,6,5,3},{9,7,12,2,8},{7,6,15,10,3}},i,j;
    for(i=0;i<3;i++){                //外层循环控制行
        for(j=0;j<5;j++)             //内层循环控制列
            cout<<b[i][j]<<'\t';
        cout<<'\n';
    }
    cout<<'\n';
}
```

程序分析

本例中外层循环的循环体中有两条语句：内层循环语句和输出换行符语句。即每次外层循环(对应于每行)，首先通过内层循环输出该行元素，然后输出换行符，它们必须同处于外层循环中。

【例 4-4】编程实现二维数组的转置。所谓转置即二维数组的行与列互换，例如：

原数组：

1	2	3
4	5	6
7	8	9
10	11	12

转置后的数组：

1	4	7	10
2	5	8	11
3	6	9	12

程序设计

(1)定义4行3列的数组，用于b1保存原数组，定义3行4列的数组b2用于保存转置后的数组。

(2)用嵌套的循环语句为数组b1赋值。

(3)将数组进行转置，即用嵌套的循环语句把数组b1赋值给数组b2，转置赋值的方法是b2[i][j]=b1[j][i]。

(4)输出转置前后的数组。

源程序代码

```
#include<iostream.h>
void main()
{
    int b1[4][3],b2[3][4],i,j,k=1;
    for(i=0;i<4;i++)                    //对数组b1赋值
        for(j=0;j<3;j++)
            b1[i][j]=k++;
    for(i=0;i<3;i++)                    //转置
        for(j=0;j<4;j++)
            b2[i][j]=b1[j][i];
    cout<<"原数组为:\n";
    for(i=0;i<4;i++){
        for(j=0;j<3;j++)cout<<b1[i][j]<<'\t';
        cout<<'\n';
    }
    cout<<"转置后的数组为:\n";
    for(i=0;i<3;i++){
        for(j=0;j<4;j++)cout<<b2[i][j]<<'\t';
        cout<<'\n';
    }
}
```

程序分析

按照先行后列的顺序对数组b2进行转置赋值，若按照先列后行的顺序转置赋值，可写成如下代码：

```
for(i=0;i<4;i++)
    for(j=0;j<3;j++)
        b2[j][i]=b1[i][j];
```

若转置数组b的行数与列数相同(设皆为N)，可在数组内部实现转置，其方法是将左下三角元素与右上三角元素对调，代码如下：

```
for(i=0;i<N;i++)
    for(j=0;j<i;j++)                    //或 for(j=0;j<=i;j++)
        t=b[i][j],b[i][j]=b[j][i],b[j][i]=t;
```

此时内层循环的条件是j<i，表示对数组中不包括主对角线的左下三角元素操作；若条件

改为 j<N，则左下三角元素被调到右上三角后，又被调回左下三角，不能实现转置。

4.2　字符数组与字符串

字符数组是数据类型为字符型的数组，即数组中的每个元素都是字符，其使用除了遵循数组的基本方法外，还表现出许多特殊性，如整体输入/输出，用字符串处理函数操作等。本节以一维字符数组为例介绍字符数组。

4.2.1　字符数组及其使用

1. 定义字符数组

字符数组定义的一般格式如下：

```
char 数组名[数组大小];
```

如说明语句“char str[8];”定义了一个具有 8 个元素的字符数组 str，最多可存放 8 个字符。字符串"student"中也有 8 个字符。字符数组与字符串的存储如图 4-4 所示。

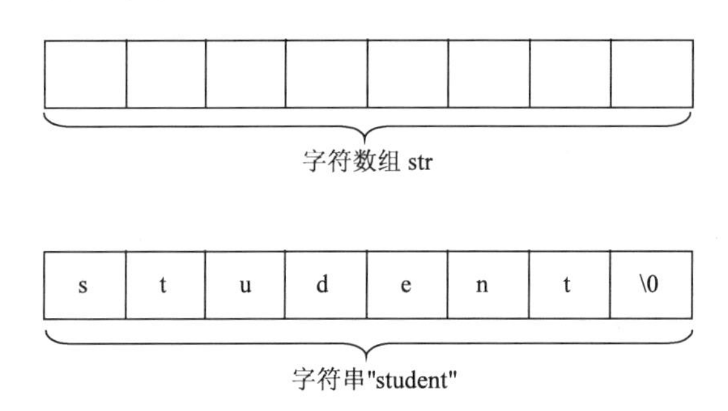

图 4-4　字符数组和字符串的存储

比较字符数组和字符串，不难发现它们是非常相似的，主要区别在于字符串是含有字符串结束标记'\0'的常量，而字符数组中的内容是可以改变的，不一定含有字符串结束标记。

2. 初始化字符数组

字符数组除了可以与普通的一维数组一样，用列表对每个元素赋值外，通常用字符串进行初始化，有以下两种形式。

(1) 直接用字符串对字符数组初始化。例如：

```
char s1[10]="student";
char s2[]="student";
```

数组 s1 大小为 10，故可存放 10 个字符，数组 s2 中存放了 8 个字符；s1 中的前 8 个字符与 s2 中的字符相同，分别是's'、't'、'u'、'd'、'e'、'n'、't'、'\0'，后两个字符都为'\0'。

(2) 将字符串置于列表中对字符数组进行初始化。例如：

```
char s3[10]={"student"};
```

数组 s3 和 s1 中的内容相同。

3. 使用字符数组

字符数组可以与普通的一维数组一样，通过对每个元素的操作实现整个数组的使用，也可以直接操作整个字符数组。在操作字符数组时，一般不需要知道字符数组的大小，因为可以通过字符串的结束标记判断操作是否结束。

【例 4-5】编程求字符串"I am a student."的长度。

程序设计

(1)定义字符数组用于保存字符串，设整型变量 len 为字符串长度。

(2)通过循环语句从第一个元素到最后一个元素(字符串结束标记'\0')遍历数组，每循环一次，字符串长度加 1。

(3)遍历结束后，len 的值即为字符串的长度。

源程序代码

```
#include<iostream.h>
void main()
{
    char s[]="I am a student.";
    int len=0,i;
    for(i=0;s[i]!='\0';i++)                    //A
        len++;
    cout<<"字符串长度为"<<len<<endl;
}
```

程序分析

循环条件是当前字符不是字符串结束标记。字符在计算机中是以其 ASCII 码值保存的，字符串结束标记是 ASCII 码值为 0 的字符，即等同于整数 0 或逻辑值 false，所以 A 行中条件可改为 s[i]!=0、s[i]或者 s[i]!=false 等其他形式。程序中变量 i 和 len 的初始值相等且同步变化，所以遍历结束后，i 的值也是字符串的长度。

字符串的长度是指字符串中有效元素的个数，即第一个结束标记前的元素个数，而不是字符串的大小。字符串的大小是指字符数组所占内存的字节数。本例若改为求该字符串的大小，则主函数可修改为

```
void main()
{
    char s[]="I am a student.";
    int i=0;
    while(s[i++]);
    cout<<"字符串大小为"<<i<<endl;
}
```

字符数组的整体使用主要体现在整体输入、整体输出以及用字符串处理函数操作 3 个方面。

(1)字符数组整体输出。用 cout 语句可以输出整个字符数组，其基本格式如下：

```
cout<<字符数组名;
```

表示从字符数组名所指的位置开始，依次输出字符，直至遇到第一个结束标记。

(2) 字符数组整体输入。字符数组的整体输入有 cin 和 cin.getline 两种方法，其格式分别如下：

```
cin>>字符数组名;
cin.getline(字符数组名,数组大小);
```

这两种方法的主要区别在于：用 cin 输入时，键盘输入的字符串中的空格字符是数据分隔符，即从键盘输入的字符到空格字符为止；而 cin.getline 将空格字符作为输入数据的一部分。cin.getline 函数的第二个参数是允许从键盘输入的字符个数，包含字符串结束标记。

【例 4-6】 从键盘输入一个带空格的字符串，并将空格后的第一个小写英文字母改为大写英文字母。如从键盘输入“I am forever 25 years old.”时，输出“I Am Forever 25 Years Old.”。

程序设计

(1) 定义字符数组用于保存输入的字符串。

(2) 通过 cin.getline 从键盘输入字符串。

(3) 通过循环语句遍历字符数组，遍历过程中遇到空格字符，并且其后是小写英文字母，则将该小写字母转换成大写字母，大写字母的 ASCII 码值比对应的小写字母的 ASCII 码值小 32。

(4) 遍历结束后，用 cout 语句输出字符数组。

源程序代码

```
#include<iostream.h>
void main()
{
    char str[100];
    cin.getline(str,100);                          //A
    for(int i=0;str[i];i++)
        if(str[i]==' ')                            //B
            if(str[i+1]>='a'&&str[i+1]<='z')       //C
                str[i+1]-=32;                      //D
    cout<<str<<endl;
}
```

程序分析

如果 A 行直接用 cin 输入字符串到字符数组 str 中，只能将 I 保存到数组 str 中。B 行和 C 行可合并成 if(str[i]==' '&&(str[i+1]>='a'&&str[i+1]<='z'))。D 行将小写字母转换成大写字母，还可以用 str[i+1]+='A'-'a'等多种方法表示。

4.2.2　常用字符串处理函数

字符数组除了整体输入和输出外，用赋值运算符进行整体赋值等其他操作是错误的。为了方便字符数组的操作，C++语言提供了一组字符串处理函数。

字符串处理函数是整体使用字符数组(字符串)的库函数。使用时，必须包含以下编译预处理指令：

```
#include <string.h>
```

下面介绍几个常用的字符串处理函数，其他字符串处理函数参见本书附录B。

1. 字符串复制函数

```
strcpy(字符数组名1,字符数组名2)
```

其作用是将字符数组2(连同结束标记)复制到字符数组1，其中字符数组2可以是一个字符串常量。strcpy是实现字符数组间赋值的函数。例如：

```
char s1[20],s2[20],s3[20]="China";
strcpy(s1,s3);
strcpy(s2,"China");
```

复制后s1和s2中的内容都为"China"。

2. 字符串拼接函数

```
strcat(字符数组1,字符数组2)
```

其作用是将字符数组2拼接到字符数组1后面。拼接时自动去掉字符数组1的结束标记，保留字符数组2的结束标记。其中字符数组2同样可以是一个字符串常量。

strcpy和strcat函数的运行结果仍是一个字符串，故它们可以嵌套使用。例如：

```
char s1[20]="and",s2[80]="teacher";
strcat(s2,strcat(s1,"student"));
```

拼接后，s1中的内容为“and student”，s2中的内容为“teacher and student”。

使用时字符数组1的大小必须满足操作的需要。

3. 字符串比较函数

```
strcmp(字符数组1,字符数组2)
```

其作用是比较两个字符数组或字符串的大小，若相等返回0，若字符数组1大于字符数组2则返回1，若字符数组2大于字符数组1返回–1。比较规则是：从两个字符数组的首字符开始，从前到后依次比较字符的ASCII码值，直到出现两个不同的字符或同时遇到字符串结束标记。例如：

```
char s1[ ]="abcd",s2[ ]="agc",s2[ ]="agc";
int  i=strcmp(s1,s2),j= strcmp(s2,s3);
```

执行后，i和j的值都为–1。因为字符'b'的值小于字符'g'的值，字符结束标记的值小于空格字符的值。比较过程中，一旦同时遇到字符串结束标记，则返回0，即两个字符串相等。

4. 求字符串长度函数

```
strlen(字符数组)
```

其作用是求字符数组或字符串的长度，即字符数组中第一个结束标记前的字符个数，其值为一个整数。例如：

```
char s1[ ]="abc def",s2[10]="abc\0def";
int n1=strlen(s1),n2=strlen(s2);
```

运行后，n1 的值为 7，n2 的值为 3。

注意 strlen 函数与 sizeof 运算符的区别。例如，sizeof(s1)的值为 8，而 sizeof(s2)的值为 10。

5. 字符串匹配函数

```
strstr(字符数组 1,字符数组 2)
```

其作用是判断字符数组 2 是否为字符数组 1 的子串。若是，返回字符数组 1 中首次出现字符数组 2 的位置(地址)；否则返回 0。例如：

```
char s1[]="I am a student, you are student.",s2[]="student",s3[]="students";
char *p1=strstr(s1,s2),*p2=strstr(s1,s3);
```

运行后，指针 p1 指向 s1 中的第一个“s”字符，即 s2 在 s1 中的开始位置；p2 的值为 0。指针为 0 表示该指针不指向任何地方。

【例 4-7】设计一个程序，将一个字符串插入另一个字符串的指定位置。如在“We China.”的第 3 个字符后插入“love ”，使之成为“We love China.”。

程序设计

(1)定义字符数组 str1 用于保存“love”，字符数组 str2 保存“We China.”，字符数组 str 存放处理过程中的临时字符串。

(2)将 str2 中第 3 个字符后的字符复制到临时数组 str 中，即 strcpy(str,str2+3)。

(3)将 str1 复制到 str2 的第 3 个字符后，即 strcpy(str2+3,str1)。

(4)将 str 拼接到 str2 后，即 strcat(str2,str)。

源程序代码

```
#include<iostream.h>
#include<string.h>
void main()
{
    char str1[100]="love ",str2[]="We China.",str[100];
    strcpy(str,str2+3);             //A
    strcpy(str2+3,str1);            //B
    strcat(str2,str);
    cout<<str2<<endl;
}
```

程序分析

在字符串处理函数中，如果参数后面加整数，表示从下标为该整数的字符开始操作。如 A 行是从 str2 中下标为 3 的字符(第 4 个字符'C')开始复制，B 行是复制到 str2 中下标为 3 的字符处。这是由于数组名是一个指针，指针可以代表其所指位置开始的数组。

4.3　数组与指针

数组与指针密不可分，数组名就是一个指针，表示数组的首地址，指针也可以代表其所指位置的数组，通过指针可以方便地使用数组。

4.3.1 指针变量运算

指针变量(简称指针)可以参与的运算主要包括赋值运算、关系运算、逻辑运算和部分算术运算。指针运算时，要注意指针所指的位置，其运算是否有意义，还要注意是对指针本身运算，还是对指针所指的内存空间操作。

1. 赋值运算

指针的赋值运算是改变指针所指的位置，指针所指的内存空间的赋值运算是改变指针所指变量的值，是间接引用变量。例如：

```
int a[5]={1,2,3,4,5},*p1,*p2;
p1=&a[2],p2=p1;                    //A
*p2=10;                            //B
```

A 行使 p1 指向数组 a 中下标为 2 的元素，p2 指向 p1 所指的位置，即 p2 也指向 a[2]；B 行使 a[2]的值变为 10。

2. 算术运算

指针的算术运算通常在数组的连续空间才有意义，其运算主要包括两个方面。

(1)指针加或减一个整数。指针加一个整数表示其后的整数个元素的地址，指针减一个整数表示其前的整数个元素的地址。

(2)指针相减。两个指针相减表示两个指针间相隔的元素个数。例如：

```
int a[5]={1,3,5,7,9},*p1,*p2,*p3;
p1=a,p2=p1+2,p3=p2-1;              //A
p2++,p3--;                         //B
*p3++=*p2++;                       //C
++*p1=++*p2;                       //D
int n=p2-p1,m=p3-p2;               //E
```

A 行的 p1 指向 a[0]；p1+2 是&a[2]，p2 指向 a[2]；p2–1 是&a[1]，p3 指向 a[1]。B 行的 p2 指向下一个元素 a[3]，p3 指向前一个元素 a[0]。C 行将 p2 所指的元素赋给 p3 所指的元素，等同于执行 a[0]=a[3]后，p2 和 p3 分别指向下一个元素。D 行的 p1 和 p2 所指的元素值先自增，即 a[0]变为 2，a[4]变为 10；再将 p2 所指的元素赋给 p1 所指的元素，即 a[0]=a[4]。

执行 E 行后，n 的值为 4，m 的值为–3，表示 p2 与 p1、p3 与 p2 所指位置分别相差 4 个和 3 个元素，且 p2 在 p1 之前，p3 在 p2 之后。

3. 关系运算

指针可以参加所有的关系运算，用于判断指针所指的位置关系。当位置关系成立时，其结果为逻辑值真(true)；当位置关系不成立时，其结果为假(false)。例如：

```
int a[5]={1,3,5,7,9},*p1,*p2,*p3;
p1= p2=a,p3=a+2;
```

则 p1==p2，p1>=p2，p1<=p2，p1<p3，p3>p2 的值皆为真，p1!=p2，p1>p2，p1<p2，p1>=p3，p3<p2 的值皆为假。

4. 逻辑运算

指针可以参加所有的逻辑运算，当指针悬空时，即值为 0，相当于逻辑值假；当指针不悬空时，相当于逻辑值真。逻辑运算的结果也为逻辑值。例如：

```
int a[5]={1,3,5,7,9},*p1=a,*p2=0;
```

则 p1，!p2，p1||p2 为真，p2，p1&&p2 为假。

【例 4-8】设计一个程序，将字符串中的字符逆序排列。如将“I am a student.”逆序为“.tneduts a ma I”。

程序设计

(1)定义指针 p1 指向第一个元素，p2 指向最后一个元素。

(2)当 p1 在 p2 前面时，循环执行第(3)步。

(3)将 p1 和 p2 所指的元素对调后，p1 指向下一个元素，p2 指向前一个元素。

源程序代码

```
#include<iostream.h>
#include<string.h>
void main()
{
    char str[]="I am a student.",*p1=str,*p2=str+strlen(str)-1;     //A
    while(p1<p2){                                                    //B
        char t=*p1;
        *p1=*p2;
        *p2=t;
        p1++;
        p2--;
    }
    cout<<str<<endl;
}
```

程序分析

通过指针操作数组时，应注意指针所指的位置。本例中，若 A 行的 p2 指向 str+strlen(str)，则无输出。因为此时 p2 所指向的元素为结束标记，该元素被调到第一个元素后，可以认为 str 是一个空串。同时还应注意是对指针操作，还是对指针所指的元素进行操作。如将 B 行的条件改为*p1<*p2，则是比较两个指针所指元素 ASCII 码值的大小，而不是指针所指位置的前后。

4.3.2　一维数组与指针

C++语言规定，一维数组的数组名是第一个元素的地址，操作一维数组的指针称为元素指针，即指向元素(相当于一个基本变量)的指针。当指针变量指向一维数组时，用指针变量操作一维数组的基本方法有以下两种。

(1)以指针变量名代替数组名，实现数组的操作。

(2)指针变量指向数组中的各个元素，通过指针的间接引用得到元素的值。

这两种方法的区别在于：采用第一种方法，指针变量所指的位置不变，指针变量始终指向原来的位置；采用第二种方法时，指针变量所指的位置将发生变化。

【例 4-9】通过指针变量实现输入和输出一维数组。

程序设计

输入数组时，定义指针 p 指向数组的第一个元素，即 p=a 或 p=&a[0]。此时，可用指针名代替数组名，即 p[i]等同于 a[i]。输出数组时，输出指针所指元素，然后移动指针的位置，使其指向下一个元素。

源程序代码

```
#include<iostream.h>
void main()
{
    int a[8],*p=a;
    for(int i=0;i<8;i++)
        cin>>p[i];
    for(i=0;i<8;i++){
        cout<<*p<<'\t';
        if((i+1)%5==0)cout<<'\n';
        p++;
    }
    cout<<'\n';
}
```

程序分析

数组输出后，p 指向 a[7]的后面，此时 p 已不能代表数组 a。指针只能代表其所指向的数组，如图 4-5 所示。当 p 指向元素 a[3]时，代表从 a[3]开始到 a[7]为止的数组，如图 4-5 的虚线部分所示。此时，p[0]就是 a[3]，p[1]就是 a[4]，以此类推，数组 p 中的最后一个元素 p[4]就是 a[7]。当 p 指向数组 a 中下标为 n 的元素时，p[i]等同于 a[i+n]。

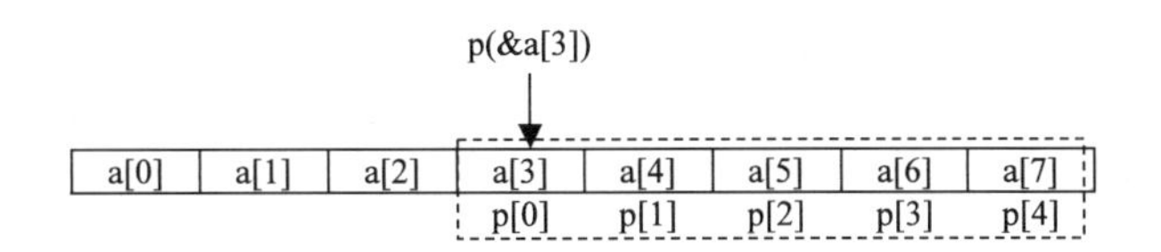

图 4-5　一维数组和指针

4.3.3　二维数组与指针

1. 元素指针与行指针

二维数组的元素与一维数组的元素相似，都相当于一个基本变量，所以二维数组的元素指针与一维数组的元素指针类似。

类似于一维数组，二维数组的数组名也是数组的首地址，但它是一个行地址。如果定义：

```
float b[4][5];                    //A
```

则 b 是 b[0]的地址，即&b[0]；而 b[0]本身是一个一维数组，由 b[0][0]、b[0][1]、b[0][2]、b[0][3]、b[0][4]共 5 个元素组成；所以 b 所指向的对象不是一个元素，而是一行元素，称为行指针。二维数组的一行元素是一个一维数组，所以行指针也称为指向一维数组的指针。指向一维数组的指针(行指针)定义的一般格式如下：

```
数据类型(*指针变量名)[二维数组列数];
```

其中，数据类型应与所指向的二维数组的数据类型相同，下标中的值为二维数组的列数，即所指向的一维数组大小，通常为整型常量表达式。如指向二维数组 b 的行指针 p 应定义如下：

```
float(*p)[5];                          //B
p=b;                                   //C
p++;                                   //D
float *p1=&b[0][0];                    //E
```

C 行的 p 指向数组 b 的第一行，即 p 中保存的是&b[0]；D 行执行后 p 指向下一行，p 中保存的是&b[1]，而不是&b[0][1]。对元素指针而言，其自增是指向下一个元素。E 行定义了一个元素指针 p1，并指向二维数组的第一个元素，执行 p1++后，p1 指向 b[0][1]，即 p1 中保存的是&b[0][1]。

与元素地址通过指针间接引用可以得到元素值一样，行地址进行间接引用可以得到元素地址，再对元素地址进行间接引用即可得到二维数组的元素。当 p=b 时，p+i 是数组 b 中下标为 i 行的行指针，即&b[i]；对该行指针进行间接引用，即*(p+i)或*(&b[i])，可得 p[i]或 b[i]，这是下标为 i 行的一维数组的数组名，即该一维数组第一个元素的元素地址，那么*(p+i)+j，即 p[i]+j，就是下标为 i 行 j 列元素的元素地址；再对该元素地址进行间接引用运算，即*(*(p+i)+j)或*(p[i]+j)，可得 p[i][j]，这是下标为 i 行 j 列元素的值。

通过指针使用二维数组时，一定要理清行地址、元素地址、元素三者之间的关系，它们之间的关系如表 4-1 所示。

表 4-1　行地址、元素地址、元素之间关系

分类	表示方法	备注
行地址	p+i ,&p[i]	下标为 i 行的行地址
元素地址	*(p+i)+j ,p[i]+j	下标为 i 行 j 列的元素地址
元素	*(*(p+i)+j),*(p[i]+j),p[i][j]	下标为 i 行 j 列的元素

2. 用元素指针使用二维数组

由于二维数组在计算机内存中是按先行后列的顺序连续存放的，故可以将该连续内存空间看成一个一维数组。当用元素指针指向该数组的第一个元素时，指针名就是一维数组的数组名，同样可以用元素指针操作一维数组的方法使用二维数组。

【例 4-10】通过元素指针输入/输出二维数组。

程序设计

(1)定义 3 行 4 列的二维数组 b，元素指针 p 指向第一个元素，即 p=&b[0][0]。

(2)通过循环以一维数组的方式遍历二维数组，共有 3×4 个元素，遍历时以指针名代替数组名进行输入。

(3)循环遍历数组时，输出指针所指元素，然后指针指向下一个元素。

源程序代码

```
#include<iostream.h>
```

```
void main()
{
    int b[3][4],*p=&b[0][0];
    for(int i=0;i<3*4;i++)
        cin>>p[i];
    for(i=0;i<3*4;i++){
        cout<<*p<<'\t';
        if((i+1)%5==0)cout<<'\n';
        p++;
    }
    cout<<'\n';
}
```

程序分析

指针 p 不能直接指向数组 b，即 p=b，是错误的。这是因为 p 是元素指针，而 b 是行指针，即 b 是&b[0]，而不是&b[0][0]。数组 b 的最后一个元素的地址为&b[0][0]+3*4–1，当元素指针 p 指向第一个元素时，还可通过以下方法输出二维数组的所有元素：

```
while(p<&b[0][0]+3*4)
    cout<<*p++<<'\t';
```

3. 用行指针使用二维数组

与元素指针使用一维数组类似，用行指针使用二维数组的基本方法也有两种。

(1) 以行指针名代替数组名，完成数组的操作。

(2) 通过对行指针的间接引用得到元素指针，然后再通过对元素指针的间接引用完成对二维数组元素的操作。

【例 4-11】通过行指针对二维数组随机赋值，并输出该二维数组。

程序设计

(1) 库函数 rand 可以生产一个随机整数，使用该函数需包含头文件 stdlib.h。

(2) 通过行指针访问二维数组元素的方法有多种，除了 p[i][j]外，还有*(*(p+i)+j)、*(p[i]+j)等多种形式。

源程序代码

```
#include<iostream.h>
#include<stdlib.h>
void main()
{
    int b[4][5],(*p)[5]=b;
    for(int i=0;i<4;i++)
        for(int j=0;j<5;j++)
            p[i][j]=rand();
    for(i=0;i<4;i++){
        for(int j=0;j<5;j++)
            cout<<*(*(p+i)+j)<<'\t';
        cout<<'\n';
    }
```

```
}
```

程序分析

行指针 p 一直没有移动，始终指向第一行，否则不能用指针名替代数组名，*(*(p+i)+j)也不再是 i 行 j 列的元素。使用行指针时，同样应注意行指针所指向的行。以下程序段中外循环每循环一次，行指针下移一行，同样可以输出二维数组，程序代码如下：

```
for(i=0;i<4;i++)
{
    for(int j=0;j<5;j++)
        cout<<*(*p+j)<<'\t';
    cout<<'\n';
    p++ ;
}
```

定义行指针时，将指针变量括起来的括号“()”不能少。否则，定义的不是指针变量，而是指针数组。

4.3.4　字符数组与指针

字符数组作为特殊的一维数组，通过指针操作时，除了可以像普通一维数组一样使用，还有以下特殊的使用方法。

(1) 字符型指针变量指向字符串，例如：

```
char *s1="VC++ Program",*s2;        //A
s2="This is a string.";             //B
```

字符型指针变量指向字符串时，既可以如 A 行，在定义时用字符串对其初始化，也可以如 B 行，用字符串对指针变量赋值。其实质是相同的，即指针指向字符串常量的第一个字符，此时可用指针变量代替字符串常量，但指针所指的内容只能读不能写。

(2) 直接引用字符型指针变量所指的连续空间，例如：

```
char str[50],*s=str;
cin>>s;                             //A
cout<<s;                            //B
```

A 行将键盘输入的数据存入指针 s 所指的内存空间，即数组 str 中；B 行输出 s 所指的内存空间，即数组 str。因为当指针 s 指向数组 str 时，s 就可以代表 str，而字符数组是可以整体输入/输出的。

【例 4-12】通过指针拼接字符串。如将 china 和 people 拼接成 chinapeople。

程序设计

(1) 定义字符数组 str1 和 str2 用于保存字符串，指针 s1 指向拼接结果存放的数组 str1。

(2) 使 s1 指向 str1 的字符串结束标记处。

(3) 将 str2 复制到 s1 处，完成拼接。

源程序代码

```
#include<iostream.h>
```

```
#include<string.h>
void main()
{
    char str1[40],str2[20],*s1=str1;
    cin.getline(s1,40);
    cin.getline(str2,20);
    while(*s1)s1++;                 //A
    strcpy(s1,str2);                //B
    cout<<str1<<endl;               //C
}
```

程序分析

A 行的循环语句使指针 s1 指向 str1 的字符串结束标记。循环前，s1 指向 str1 的第一个字符，只要 s1 所指的字符不是结束标记，s1 就指向下一个字符，直到结束标记为止。B 行通过字符串复制函数将数组 str2 复制给指针 s1 所指的数组 str1。A 行和 B 行的作用等同于 strcat(str1，str2)，但 B 行不能改为“s1=str2;”，因为这样是使指针 s1 指向数组 str2，应注意它们的区别。如果将 C 行改为“cout<<s1<<endl;”，则将输出数组 str1 中指针 s1 所指位置及其后面的字符，而不是整个 str1 数组。

4.3.5 指针数组

指针数组是各元素均为指针变量的数组，具有 n 个元素的指针数组可以保存 n 个地址。指针数组与普通数组的区别在于指针数组中存储的是地址，而普通数组中存储的是普通数据，即数据类型不同。定义数组时，若数组的数据类型是指针，所定义的数组便是指针数组。定义指针数组的一般格式如下：

```
数据类型 *数组名[数组大小];
```

例如，“float *p[5];”定义了一个具有 5 个元素的一维数组，可以保存 5 个实型的地址。

【例 4-13】 按照 TCP/IP，目前 Internet 上的主机用 32 位二进制数表示地址，即 IP 地址长为 4 个字节。为了方便使用，通常采用点分十进制表示法，即将每个字节转换成一个十进制数，中间使用“.”分隔，如将 10101011000110110111011000000101 表示为 171.27.118.5。设计一个程序实现上述转换。

程序设计

(1) 定义整型数组 IP 用于存储 32 位 IP 地址，每个元素存放一位；定义指针数组 ip 用于存储 IP 的每个字节的首地址，即 ip[0]保存&IP[0]，ip[1]保存&IP[8]，ip[2]保存&IP[16]，ip[3]保存&IP[24]。此时，32 位 IP 地址被分割成 4 个一维数组，每个数组具有 8 个元素，数组名为指针数组 ip 中的元素。

(2) 将 4 个一维数组中的元素，即 4 个二进制数转换成 4 个十进制数，存入整型数组 n，并按指定格式输出。

(3) 二进制数转换成十进制数的方法是按位权展开求和，如 $(10101011)_2=(1\times2^7+0\times2^6+1\times2^5+0\times2^4+1\times2^3+0\times2^2+1\times2^1+1\times2^0)_{10}=(171)_{10}$。

源程序代码

```
#include<iostream.h>
void main()
{
    int IP[32]={1,0,1,0,1,0,1,1,0,0,0,1,1,0,1,1,0,1,1,1,0,1,1,0,0,0,0,0,0,1,0,1};
    int *ip[4],n[4]={0};
    int i,j,t;
    for(i=0;i<4;i++)
        ip[i]=&IP[i*8];
    for(i=0;i<4;i++){
        t=1;
        for(j=7;j>=0;j--){                 //按位权从低位到高位展开求和
            n[i]+=ip[i][j]*t;
            t*=2;
        }
    }
    cout<<"IP:\n";
    for(i=0;i<32;i++)
        cout<<IP[i];
    cout<<endl;
    for(i=0;i<4;i++)
        if(i==3)
            cout<<n[i]<<endl;
        else
            cout<<n[i]<<'.';
}
```

程序分析

在将二进制数转换成十进制数时，变量 t 表示位权，从低位向高位展开求和，二进制数的低位对应一维数组的高位。指针数组 ip 中的每个元素对应于表示每个字节的一维数组的数组名，即 ip[0]是第一个一维数组{1,0,1,0,1,0,1,1}的数组名，ip[1]是第二个一维数组{0,0,0,1,1,0,1,1}的数组名，以此类推。所以 ip[i][j]等同于*(ip[i]+j)，是第 i+1 个一维数组的下标为 j 的元素，对应于一个二进制位。

4.4　程 序 举 例

【例 4-14】设计一个程序，将一维数组中的元素从小到大排序，即升序排列。

程序设计

(1)排序的方法有多种，本程序采用选择排序法。对于含有 n 个元素的一维数组 a，进行第一趟排序时，将最小元素放到第一位，即 a[0]位置；进行第二趟排序时，将次小元素，即剩余元素中的最小元素放到 a[1]位置。以此类推，共进行 n–1 趟排序。进行最后一趟排序时，将次大元素放到 a[n–2]位置；最后剩下的元素，即最大元素，无需排序，自动进入 a[n–1]位置。通过循环语句实现，i 从 0 变换，到 n–2，每次循环找出当前最小元素，并将其放入当前位置，即 a[i]位置。

(2)每趟排序将当前元素 a[i]与其后的所有元素进行比较。通过循环语句完成比较，a[i]后面的元素用 a[j]表示，则 j 从 i+1 变化，到 n–1。比较的过程中，若 a[i]>a[j]，则交换 a[i]与 a[j]。

源程序代码

```
#include<iostream.h>
void main()
{
    int a[10]={5,9,2,6,10,8,1,7,4,3};
    for(int i=0;i<9;i++)
        for(int j=i+1;j<10;j++)
            if(a[i]>a[j]){          //A
                int t=a[i];
                a[i]=a[j];
                a[j]=t;
            }
    for(i=0;i<10;){
        cout<<a[i]<<'\t';
        i++;
        if(i%5==0)cout<<'\n';
    }
    cout<<'\n';
}
```

程序分析

数组 a 有 10 个元素，所以共进行 9 趟排序，通过外循环实现。每趟排序将当前元素与其后的所有元素进行比较，通过内循环实现。若要求实现从大到小排序(降序排列)，只需将 A 行的条件改为 a[i]<a[j]。

若数组有 n 个元素，采用以上直接选择排序法，交换元素的次数最多可能达到 (n–1)+(n–2)+…+2+1，即 n×(n–1)/2 次，其中有效交换为(n–1)次，程序的运行效率较低。为此，可采用间接选择排序法。直接选择排序时，每趟排序比较元素的过程中，一旦发现不满足条件的元素就进行交换；而间接选择排序时，每趟排序比较的过程中，只记录当前最小(升序排序时)或最大(降序排序时)元素的位置，该趟排序结束后，若最小或最大元素不在当前位置，则进行交换，即每趟排序最多交换一个元素。间接选择排序的程序段如下：

```
for(int i=0;i<9;i++)     {
    int k=i;                        //设当前元素为最小元素,即最小元素位置k的值为i
    for(int j=i+1;j<10;j++)         //查找最小元素所在的位置
        if(a[k]>a[j])k=j;
    if(k!=i){                       //最小元素不在当前位置时交换元素
        int t=a[i];
        a[i]=a[k];
```

```
            a[k]=t;
        }
    }
```

【例 4-15】将键盘输入的数 n 插入有序序列 num 中，并保持序列有序。

程序设计

(1) 有序序列是指元素升序或降序排列的数组。为了保证插入正确，数组中已有数据的个数必须小于数组的大小，且在插入前要先查找插入的位置，然后将该位置及其后的元素依次后移一位。

(2) 对于升序序列，查找的方法是，从前到后遍历数组中的元素，若要插入的数据小于当前元素，则终止循环，该位置即为插入位置；否则继续比较下一个元素。

(3) 找到插入位置后，从后向前将插入位置之后的元素后移一位。

(4) 将 n 插入应插入位置，已有数据的个数加 1。

源程序代码

```
#include<iostream.h>
void main()
{
    float num[10]={1.5,2.5,3.5,5.5,7.5,8.5},n;
    int len=6,i,j;
    cout<<"请输入要插入的数:";
    cin>>n;
    for(i=0;i<len;i++)                  //查找插入位置 i
        if(n<num[i])break;
    for(j=len;j>i;j--)                  //i 及其之后的元素向后移一位
        num[j]=num[j-1];
    num[i]=n;                           //在 i 位置插入 n
    len++;
    for(i=0;i<len;i++){
        cout<<num[i]<<'\t';
        if((i+1)%5==0)cout<<'\n';
    }
    cout<<'\n';
}
```

程序分析

移动元素是从最后一个数据的后一个位置开始的，也可以从最后一个数据开始，循环语句如下：

```
for(j=len-1;j>=i;j--)
    num[j+1]=num[j];
```

还可以将查找和移动合在一起，使程序更加简洁，程序段如下：

```
for(i=len-1;i>=0;i--){
    if(n<num[i])num[i+1]=num[i];
```

```
    else break;
}
num[i+1]=n;
```

【例 4-16】设计一个程序，实现删除字符串中的空格字符。

程序设计

(1)定义字符型数组 str，通过 cin.getline 函数输入含空格的字符串。

(2)遍历数组，若遇到空格字符，其后的字符依次前移一位。

源程序代码

```
#include<iostream.h>
void main()
{
    char str[100];
    cin.getline(str,100);
    for(int i=0;str[i];){
        if(str[i]==' ')
            for(int j=i;str[j];j++)
                str[j]=str[j+1];     //将后一个元素移到当前位置
        else i++;
    }
    cout<<str<<endl;
}
```

程序分析

为了防止移过来的元素仍为空格字符，移动元素时 i 不自增，保证下一次判断仍然停留在当前位置。同时，必须将字符串结束标记一起前移。若采用下列方法移动，每趟移动后都要加结束标记，代码如下：

```
if(str[i]==' '){
    for(int j=i+1;str[j];j++)
        str[j-1]=str[j];              //将当前元素移到前一个位置
    str[j-1]='\0';                    //添加字符串结束标记
}
```

编程时若定义两个下标，i 表示数组中元素的原有位置，j 表示删除空格字符后元素的位置，可用单层循环完成删除操作，具体代码如下：

```
for(int i=0,j=0;str[i];i++)
    if(str[i]!=' ')str[j++]=str[i];
str[j]='\0';
```

上述程序段还可通过指针实现，具体代码如下：

```
for(char*p1=str,*p2=str;*p1;p1++){
    if(*p1!=' ')*p2++=*p1;
}
*p2='\0';
```

【例 4-17】设计一个程序，将 r 行 c 列无重复值的二维数组 b 中的最小元素放到二维数组的左上角位置，最大元素放到二维数组的右下角位置。

程序设计

(1) 定义变量 min，minr，minc 分别表示最小值及其所在的行、列，变量 max，maxr，maxc 分别表示最大值及其所在的行、列。

(2) 设第一个元素既是最小值，又是最大值；遍历二维数组，将所有元素与最小值和最大值比较，找出最小值和最大值及其所在的位置。

(3) 将最小值交换到 b[0][0]位置，将最大值交换到 b[r–1][c–1]位置。

源程序代码

```
#include<iostream.h>
#define r 3
#define c 4
void main()
{
    int b[r][c]={{2,5,8,6},{1,4,12,9},{3,11,7,10}};
    int i,j,min,minr,minc,max,maxr,maxc,t;
    cout<<"原数组为:\n";
    for(i=0;i<r;i++){
        for(j=0;j<c;j++)
            cout<<b[i][j]<<'\t';
        cout<<'\n';
    }
    min=max=b[0][0];
    minr=minc=maxr=maxc=0;
    for(i=0;i<r;i++){
        for(j=0;j<c;j++){
            if(b[i][j]<min)min=b[i][j],minr=i,minc=j;
            if(b[i][j]>max)max=b[i][j],maxr=i,maxc=j;
        }
    }
    if(b[0][0]==max)maxr=minr,maxc=minc;          //A
    t=b[0][0];                                    //B
    b[0][0]=b[minr][minc];                        //C
    b[minr][minc]=t;                              //D
    t=b[r-1][c-1];b[r-1][c-1]=b[maxr][maxc];b[maxr][maxc]=t;
    cout<<"交换后的数组为:\n";
    for(i=0;i<r;i++){
        for(j=0;j<c;j++)
            cout<<b[i][j]<<'\t';
        cout<<'\n';
    }
}
```

程序分析

定义数组时，数组大小必须为常量，本例用宏定义实现。A 行的作用是，若最大值在 b[0][0] 位置，则将 minr 和 minc 作为其行号和列号。因为经过最小值交换(B 行和 C 行)后，最大值被交换到了最小值位置。C 行中的 b[minr][minc]可改为 min，但 D 行不能改，因为 b[minr][minc]虽然与 min 相等，但要改变的是数组 b 中元素的值，而不是变量 min 的值。

【例 4-18】设计一个程序，将二维字符数组中的元素上移一行，其中第一行移到最后。

程序设计

(1)可用二维字符数组存储系列字符串，其中，每一行是一个一维数组，保存一个字符串。

(2)将二维数组每列看成一个一维数组，如一个 7 行 10 列的二维数组由 10 个一维数组组成。通过(3)将每个一维数组中的各元素上移一位。

(3)对由每一列元素组成的一维数组，将第一个元素保存到临时变量中，第 2~7 个元素上移一位，再将第 1 个元素放到第 7 个元素的位置。

源程序代码

```
#include<iostream.h>
void main()
{
    char week[7][10]={"Sunday","Monday","Tuesday","Wednesday",
                      "Thursday","Friday","Saturday"};
    for(int i=0;i<10;i++){
        char t=week[0][i];
        for(int j=1;j<7;j++)
            week[j-1][i]=week[j][i];
        week[6][i]=t;
    }
    for(i=0;i<7;i++)
        cout<<week[i]<<endl;                    //A
}
```

程序分析

week[i]是二维数组 week 中第 i+1 行的字符串(一维字符数组)名，可直接输出，如 A 行所示。本程序操作二维数组的方法是先列后行，对于字符型二维数组，先行后列用字符串处理函数实现也非常方便，具体代码如下：

```
char t[10];
strcpy(t,week[0]);
for(int i=1;i<7;i++)
    strcpy(week[i-1],week[i]);
strcpy(week[6],t);
```

【例 4-19】设计一个程序，实现用指针判断键盘输入的数是否为自反数。所谓自反数是指正序和逆序相同的数，如 1234321 和 123321 都是自反数。

程序设计

(1)将整数的各位数字存放到一维数组中。指针 p2 指向一维数组的首元素，取出整数的个位并存入 p2 所指的元素，然后 p2 指向下一个元素，去掉整数的个位，如此不断重复，直到整数是 0。

(2)用循环语句判断整数是否为自反数，即判断数组中的元素是否对称。指针 p1 指向数组的首元素，p2 指向数组的最后一个元素，如果这两个数字不同，终止循环；否则判断 p1 的后一位和 p2 的前一位是否相等；如果*p1 和*p2 一直相等，则当 p1≥p2 时，判断结束，即循环条件为 p1<p2。

(3)循环结束后，根据 p1 和 p2 的位置即可得出结论。若 p1<p2，则不是自反数，否则是自反数。

源程序代码

```
#include<iostream.h>
void main()
{
    int n,t,num[10],*p1=num,*p2=num;
    cout<<"请输入一个正整数:";
    cin>>n;
    t=n;
    while(t){
        *p2++=t%10;
        t/=10;
    }
    p2--;
    while(p1<p2){
        if(*p1!=*p2)break;
        p1++;
        p2--;
    }
    if(p1<p2)cout<<n<<"不是自反数。\n";
    else cout<<n<<"是自反数。\n";
}
```

程序分析

对整数各位数字操作(数字分离)的常用方法是将它们取出来，放到一维数组中处理。本例通过指针 p2 将整数存入数组，完成后 p2 指向数组最后一个元素的后面，通过执行 p2-- 使其指向最后一个元素。程序中变量 t 的作用是保持 n 的值不变。

【例 4-20】应用指针求二维数组各元素的和。

程序设计

通过元素指针 p1 求实型二维数组 b 的各元素之和，通过行指针 p2 输出二维数组 b。

(1)定义元素指针 p1，并指向二维数组的第一个元素，即 float *p1=&b[0][0]；定义行指针 p2，并指向二维数组的第一行元素，即 float(*p2)[5]=b。

(2)遍历二维数组，取出 p1 所指向的元素加到和 sum 中，并使 p1 指向下一个元素，用行指针实现各元素转出。

源程序代码

```
#include<iostream.h>
void main()
{
    float b[3][5]={{2.6,5,8,6.3,1},{4,12,9,4.5,9.6},{7.2,3.8,11,7.9,10}},sum=0;
    float *p1=&b[0][0],(*p2)[5]=b;          //A
    cout<<"二维数组为:\n";
    for(int i=0;i<3;i++){
        for(int j=0;j<5;j++){
            sum+=*p1++;                     //B
            cout<<*(*(p2+i)+j)<<'\t';       //C
        }
        cout<<'\n';
    }
    cout<<"二维数组的和为"<<sum<<"。\n";
}
```

程序分析

定义二维数组元素指针和行指针(A 行)，用它们使用二维数组的方法是不同的。元素指针进行间接引用即为元素，元素指针自增后指向下一个元素(B 行)；行指针首先要通过间接引用得到元素指针，然后再通过间接引用得到元素(C 行)。

【例 4-21】设计一个程序，给英文中的指定单词加 s。如将“We are student, you are student.”中的 student 加 s，使之成为“We are students, you are students.”。

程序设计

(1)该程序要求将母串中的子串加 s。定义字符数组 str1 用于保存母串，字符数组 str2 保存子串；定义字符指针 p1 和 p2，p1 指向母串中正在处理的元素位置，初始值为母串的起始位置，p2 为 p1 中首次出现子串的位置。

(2)只要母串中出现子串，即 p2 的值不为 0，就重复进行以下操作。

p1 指向要加 s 的位置，将该位置及其后面的字符复制到临时数组 str 中；将 p1 所指向的字符变为 s，然后 p1 指向下一个字符，即下一次匹配在加了 s 的后面一个字符处开始；在下一次匹配(循环)前，还需要将未处理的字符(临时数组中的内容)复制到 p1 所指的位置。

源程序代码

```
#include<iostream.h>
#include<string.h>
void main()
{
    char str1[100]=" We are student, you are student.",str2[]="student";
    char str[100],*p1=str1,*p2;
    while(p2=strstr(p1,str2))   {           //A
        p1=p2+strlen(str2);
        strcpy(str,p1);
```

```
        *p1='s';
        p1++;
        strcpy(p1,str);
    }
    cout<<str1<<endl;
}
```

程序分析

A 行的循环条件是赋值语句，而不是关系运算“==”。该语句首先将字符串的匹配结果赋给 p2；若该值不为 0，即找到子串，则执行循环体，否则循环结束。该程序运用字符串处理函数实现，比较简洁。请思考若不使用字符串处理函数，可怎样修改程序。

习　　题

1. 找出一维数组中值最大的元素及其下标，注意最大元素可能不止一个。例如，{3，5，2，7，6，1，7，4，7，5}中的最大元素为 7，其下标分别为 3，6，8。

2. 求键盘输入的 n 个实数的方差。求方差的公式为 $D=\sum_{i=0}^{n-1}(x_i-\bar{x})^2$，其中$\bar{x}=\left(\sum_{i=0}^{n-1}x_i\right)/n$ 。

3. 求二维数组外围元素(第一行、第一列、最后一行和最后一列)的和。

4. 将杨辉三角的前 N 行保存到二维数组的下半三角中。杨辉三角由正整数构成，每行除最左侧与最右侧的数为 1 外，其他数等于其左上方与正上方两个数的和，杨辉三角的前 5 行如下：

```
1
1   1
1   2   1
1   3   3   1
1   4   6   4   1
```

5. 不使用字符串处理函数，通过指针变量拼接字符串。如将“Good morning.”和“I am Tom.”拼接成“Good morning.I am Tom.”

6. 设计一个程序，通过指针变量求键盘输入的一串字符中单词的个数，如输入“I am a boy.”，则输出其中包含的单词个数 4。

第5章　函　　数

前面介绍的 C++源程序都只有一个 main 函数。事实上，一个 C++源程序中可以包含多个函数，函数是组成源程序的基本模块。为了便于程序的开发和维护，在设计程序时，通常采用模块化的设计思想，也就是通过设计函数来完成程序中经常使用的一些计算或者操作。这样，既可以减轻用户编写代码的工作量，又可以提高程序的可读性。

5.1　概　　述

函数是一组封装在一起的功能语句，用户提供相关的参数便可得到所需的结果。C++语言中的函数分为库函数和用户自定义函数两种。库函数由 C++语言系统提供，用户只需在程序中包含相应头文件便可直接使用。用户自定义函数需要在程序中定义后才能使用。

【例 5-1】从键盘读入两个数，并求这两个数中较大数的平方根。

程序设计

(1) 定义 max 函数求两个数中的较大数。

(2) 定义 main 函数，从键盘输入两个数，通过调用 max 函数求出其中的较大数，并通过调用库函数 sqrt 求出较大数的平方根。库函数 sqrt 包含在头文件 math.h 中。

源程序代码

```
#include<iostream.h>
#include<math.h>
float max(float x,float y)                          //A
{
    float z;
    if(x>y)z=x;
    else z=y;
    return z;
}
void main()                                         //B
{
    float a,b,m;
    cout<<"输入两个实数";
    cin>>a>>b;
    m=max(a,b);                                     //C
    cout<<"这两个数中的较大数为:"<<m<<'\n';
    cout<<"较大数的平方根为:"<<sqrt(m)<<'\n';      //D
}
```

程序分析

程序中从 A 行开始定义 max 函数，从 B 行开始定义 main 函数，C 行和 D 行分别为 max

函数调用和 sqrt 函数调用。程序中 max 和 main 都是用户自定义函数，sqrt 是库函数。作为用户自定义函数，max 函数必须定义后才能在 main 函数中使用；而 sqrt 作为库函数，只需包含头文件 math.h 便可以直接使用。函数定义只是说明一个计算或操作如何实现，只有通过函数调用才能完成具体的计算和操作。另外，main 函数是一个特殊的用户自定义函数，任何一个程序有且只能有一个 main 函数。

5.2 函数定义

定义函数时需要按照 C++语法规则，对函数头部和函数体作出明确说明，其中函数头部通常由函数类型、函数名和函数的形式参数 3 部分构成。

5.2.1 函数定义的一般形式

在 C++语言中，定义一个函数的一般格式如下：

```
函数类型  函数名(形参列表)                //函数头部
{
若干语句序列                              //函数体
}
```

关于函数定义有以下几点说明。

(1) 函数名是用户给函数起的名称，必须符合标识符命名规则。

(2) 函数类型表示函数执行完毕后所得结果的数据类型，可以是 C++语言中任意合法的数据类型，包括基本数据类型(如 int、float、double、char 等)或构造数据类型(如指针、引用等)，也可以是无值型(void)。通常情况下，函数的缺省类型为 int 类型。

(3) 形参列表用以说明函数的参数，函数可以没有参数或有多个参数。如果函数没有参数，圆括号中可以写 void 或者空缺；如果函数有一个或者多个参数，每个参数都要包括数据类型和名称，函数的多个参数之间必须用逗号分隔。

(4) 函数体是用花括号括起来的语句序列，是函数功能的具体实现。

函数定义后，就可以通过函数调用语句来使用函数。对于调用者来说，不必知道函数功能的具体实现方法，只需要知道函数能够实现的功能以及如何调用函数。也就是说，用户只需要知道函数执行完毕后返回的函数值或操作结果，同时根据函数头部的形参列表提供相应的参数。因此，函数头部是函数与外界进行交互的接口，函数参数接收用户提供的信息，函数的返回值向用户提供函数的执行结果。

5.2.2 函数的类型

1. *无返回值和有返回值函数*

依据函数调用后是否具有返回值，C++语言中的函数分为无返回值函数和有返回值函数两种类型。在定义无返回值函数时函数类型为 void，这类函数执行完毕后不向调用者返回任何值。有返回值函数在函数定义时，函数类型是除 void 以外的其他数据类型，这类函数在执行后将向调用者返回一个具体的数据。

【例 5-2】求整数 n 的阶乘。

程序设计

(1)定义 fac 函数求整数 n 的阶乘，定义函数 print 输出 n!的数学表达式。

(2)定义 main 函数，并在 main 函数中先调用 print 函数输出表达式，再调用 fac 函数求出 n 的阶乘。

源程序代码

```
#include <iostream.h>
void print(int n)                          //输出 n!=1*2*…*n
{
     cout<<n<<"!=";
     for(int i=1;i<=n;i++)
         if(i!=n)cout<<i<<'*';
         else cout<<i<<'=';
 }
int fac(int n)                             //计算整数 n 的阶乘
{
    int s=1;
    for(int i=1;i<=n;i++)
       s*=i;
     return s;                             //A
 }
void main()
{
    int m;
    cout<<"输入一个整数:";
    cin>>m;
    print(m);                              //B
   cout<<fac(m)<<'\n';                     //C
}
```

程序分析

print 函数的函数类型为 void，属于无返回值函数；main 函数在 B 行调用 print 函数完成输出阶乘表达式，但是并没有值返回 main 函数。fac 函数的函数类型为 int，属于有返回值函数；main 函数在 C 行调用 fac 函数时，fac 函数计算出变量 m 的阶乘后，通过 return 语句将计算结果返回调用者 main 函数。即 B 行的表达式 print(m)不是一个具体的值，而 C 行的表达式 fac(m)是一个具体的数值，该值就是 fac 函数 return 后面表达式的值，即 A 行中的 s，也就是 m。无值函数的调用语句只能是一条独立的语句，而有值函数的调用语句通常作为表达式的一部分。

2. return 语句

return 语句既可以用于有返回值函数，也可以用于无返回值函数，其功能都是结束函数的运行，返回函数调用处，二者的区别在于是否返回一个值给函数调用语句。同一个函数中允许出现一条或者多条 return 语句，但是每次调用函数时最多只有一条 return 语句被执行。因为函数在调用过程中一旦执行了 return 语句，将结束函数的调用过程。return 语句在有返回值函数和无值返回函数中出现时，其语句格式和执行结束后的结果不同。

(1)在有返回值函数中，return 语句的一般格式如下：

```
return 表达式;
```

或

```
return (表达式);
```

对于有返回值函数来说，函数体中一定有 return 语句，而且 return 后面一定有表达式。当执行到 return 语句结束函数的运行时，需要将 return 后面的表达式的值转换成函数类型并返回调用函数。

(2)在无返回值函数中，return 语句的一般格式如下：

```
return ;
```

如果函数类型说明为 void，函数体可以不使用 return 语句，也可以使用 return 语句。函数体中无 return 语句时，调用过程一直执行到函数体的“}”为止；在无返回值函数中使用 return 语句时，return 后面不能有表达式。此时，return 语句只是终止函数的执行，而不返回任何值给函数调用者。

【例 5-3】分析以下程序的输出结果。

源程序代码

```
#include <iostream.h>
void f1(int a,float b)
{
    cout<<a+b<<'\n';
    return;                         //A
}
int f2(int a,float b)
{
    if(a<b)return a+b;              //B
    else return a*b;                //C
}
void main()
{
    int x=8;
    float y=8.2;
    f1(x,y);                        //D
    cout<<f2(x,y)<<'\n';            //E
}
```

程序运行结果

```
16.2
16
```

程序分析

f1 函数中包含 return 语句(A 行)，其作用是终止函数的执行，因为 f1 函数为无返回值函数，A 行的 return 后只能直接跟分号，当然 A 行也可删除。main 函数在 D 行调用 f1 函数时，函数在调用结束前输出16.2。f2函数中包含两个return语句，因为f2函数为有返回值函数，所以f2函数中的return后均有一个表达式；但每次执行f2函数时只能有一个return语句被执行。main函数在E行调用f2函数时，依据条件判断应该执行B行返回整数16。事实上，在调用f2函数执行B行时，计算表达式a+b后得到的是实数16.2，但f2函数的类型为int，f2函数在通过return语句将函数值返回调用者main函数时，实数16.2被转换成了整数16。本例f2函数的C行中的else也可以不用，即可改为“return a*b;”。

5.3 函数调用

定义函数是为了使用函数，函数使用通过函数调用语句来实现。只有通过函数调用才能执行所定义的函数，实现函数描述的功能。

5.3.1 函数调用基本形式

依据函数参数的情况，函数分为有参函数和无参函数。函数定义时的参数称为形式参数，简称形参；函数调用时的参数称为实际参数，简称实参。

在C++语言中，函数调用的一般格式如下：

函数名(实参列表)

关于函数调用有以下几点需要说明。

(1) 调用函数时，函数名前没有类型；函数的实参只需要给出名称，不能再说明数据类型，实参可以是变量、常量或表达式，但是每个实参通常均要有确定的值，多个实参之间仍然用逗号隔开。

(2) 实参与形参必须确保参数个数、类型和顺序一致。

(3) 对于无参函数，即函数没有形参，调用时也不需要提供实参列表，但函数名后的括号()不能少。

【例5-4】编程求3个整数的最大公约数。

程序设计

(1) 定义gcd函数用来求两个整数的最大公约数。

(2) 在main函数中调用gcd函数，求出两个整数的最大公约数；以调用gcd函数的返回值和第3个整数作为实参，再次调用gcd函数，求出3个整数的最大公约数。

源程序代码

```
#include <iostream.h>
int gcd(int x,int y)
{
    int small;
    if(x<y)small =x;
    else small =y;
    do{
        if(x% small ==0&&y% small ==0)
            break;
        small --;
```

```
    }while(small >=1);
    return small;
}
void main()
{
    int a,b,c,g;
    cin>>a>>b>>c;
    g=gcd(a,b);                                    //A
    g=gcd(g,c);                                    //B
    cout<<"整数"<<a<<','<<b<<','<<c<<"的最人公约数为:"<<g<<endl;;
    cout<<"整数"<<a<<','<<b<<','<<c<<"的最大公约数为:"
    cout<<gcd(gcd(a,b),c)<<endl;                   //C
}
```

程序分析

A 行以变量 a 和 b 的值作为实参，调用 gcd 函数求得 a 和 b 的最大公约数，并将其赋值给变量 g。B 行以变量 g 的值(a 和 b 的最大公约数)和变量 c 的值作为实参，再次调用 gcd 函数，从而求得 3 个整数的最大公约数，并将其赋值给变量 g。C 行中 gcd(gcd(a,b),c)为函数调用表达式，括号中的 gcd(a,b)仍然是函数调用表达式，将本次函数调用的返回值作为外层函数调用的第一个实参，从而求得 a、b 和 c 的最大公约数。

在 C++语言中，函数调用主要有两种形式。

(1) 函数调用作为表达式的一部分，用于有返回值的函数。此时函数的返回值参与表达式的运算，如例 5-4 中的 A 行参与赋值运算，C 行参与调用和转出运算。

(2) 函数调用单独构成一条语句，用于无返回值函数，如例 5-3 中的 D 行。

5.3.2　函数原型说明

如果函数定义在前，调用在后，则调用前不必说明，可直接通过函数调用语句来调用函数。当函数调用在前，定义在后时，在函数调用之前必须对调用函数作原型说明才能使用该函数。

C++语言中函数原型说明的一般格式如下：

```
函数类型　函数名(形参列表);
```

关于函数原型的说明有以下几点。

(1) 函数原型说明和函数定义在函数类型、函数名和参数列表上必须完全一致，如果不一致，就会发生编译错误。

(2) 函数原型说明可以不包含参数名称，但是必须包含参数类型。

(3) 函数原型说明是一个说明语句，其后的分号不可缺少。

(4) 函数原型说明可以出现在函数被调用之前的任何位置，且可以多次说明，但一个作用域内只能说明一次。

例如，例 5-4 中的函数 gcd 的原型说明可以有以下两种形式：

```
int gcd(int x,int y);
```

或

```
int gcd(int,int);
```

5.3.3　函数的嵌套调用与递归调用

1. 函数的嵌套调用

C++程序中任一函数的定义均是独立的，函数之间是平等且平行的，因此不允许在函数体内再定义另一个函数，即不允许嵌套定义。但 C++允许函数的嵌套调用，即可在函数体内调用另一个函数，甚至调用其自身。

【例 5-5】 计算 $sum=1^k+2^k+\cdots+n^k$，其中 k 为整数，并以 n=6，k=5 进行测试。

程序设计

(1) 设计函数 powers 用于求 i^k。设 p 的初始值为 1，若 p*=i 循环 k 次，p 的值就等于 i^k。

(2) 设计函数 sum 用于累加求和，通过循环语句 n 次调用 powers 函数便可求得 n 项 i^k 的和。程序结构如图 5-1 所示。

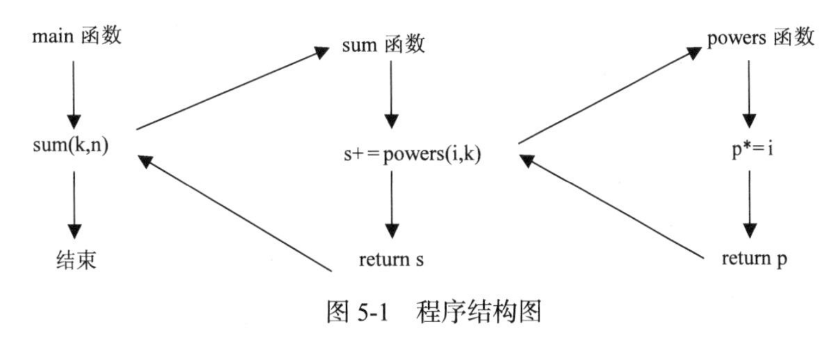

图 5-1　程序结构图

源程序代码

```
#include <iostream.h>
const int k(5);
const int n(6);
int sum(int,int), powers(int m,int n);      //A
void main()
{
    cout<<"sum of "<<k<<" powers of integers from 1 to "<<n<<"=";
    cout<<sum(k,n)<<endl;                   //B
}
int sum(int k,int n)                        //累加求和函数
{
    int s=0;                                //C
    for(int i=1;i<=n;i++)
        s+=powers(i,k);                     //D
    return s;
}
int powers(int i,int k)                     //求 i^k 的函数
{
    int j,p=1;                              //E
```

```
    for(j=1;j<=k;j++)
        p*=i;
    return p;
}
```

程序分析

main 函数在 B 行调用 sum 函数求 n 项 k 次幂的和时，通过嵌套调用 powers 函数来求每一项的 k 次幂(D 行)。sum 函数和 powers 函数调用在前，定义在后，因此需要对这两个函数作原型说明(A 行)。另外，在 sum 函数中，变量 s 作为累加器，其初始值应该设置为 0(C 行)；而在 powers 函数中变量 p 为累积器，其初始值应该设置为 1(E 行)。

2. 函数的递归调用

在 C++语言中，存在一种特殊的嵌套调用情形，即一个函数可以在它的函数体内直接调用自身或通过其他函数间接调用自身，这种函数调用方式称为递归调用，该函数也称为递归函数。在递归调用过程中，主调函数同时又是被调函数。

在例 5-2 中，fac 函数求 n!的方法实际上是利用了阶乘的数学定义 n!=1×2×⋯×(n–1)×n。事实上，n!还可用递归形式加以定义：

$$n!=\begin{cases}1 & n=0或1\\ n\times(n-1)! & n>1\end{cases}$$

为此，可以通过设计递归函数，并通过递归调用来求解 n!。

【例 5-6】用递归法求 n!。

程序设计

由 n!的递归定义知，求 n!的问题可以分解为求 n×(n–1)!的问题，而(n–1)!的问题又可以分解为求(n–1)×(n–2)!的问题。依此方法，求 n!的问题可以归结为求 n 个更小规模阶乘的问题，并且已知 n!的递归结束条件为 1!=1。这样，通过逐步求解较小规模的阶乘便可求得 n!。

源程序代码

```
#include <iostream.h>
long int f(int n)                               //求 n!的递归函数
{
    int b;
    if(n==1||n==0)                              //递归结束条件
        b=1;
    else
        b=n* f(n-1);                            //递归调用 f 函数
    cout<< " n="<<n<<'\t'<<"n!="<<b<<endl;
    return b;                                   //返回 n!的值
}
void main()
{
    int a;
    cout<<"请输入一个整数:";
    cin>>a;
```

```
    cout<<a<<"!="<< f(a)<<endl;              //输出a!的值
}
```

通常情况下，递归调用的过程可分为两个阶段。第一个阶段称为递推阶段：将原问题不断地分解为新的子问题，逐渐从未知结果向已知方向推测，最终到达已知条件，即递归结束条件，此时递推阶段结束。第二个阶段称为回归阶段：从已知条件出发，按照递推的逆过程，逐一求值回归，最后到达递推的开始处，结束回归阶段，完成递归调用。按照这一方法，若 main 函数中变量 a 的输入值为 5，那么 f(5)的递归调用过程可以用图 5-2 表示。

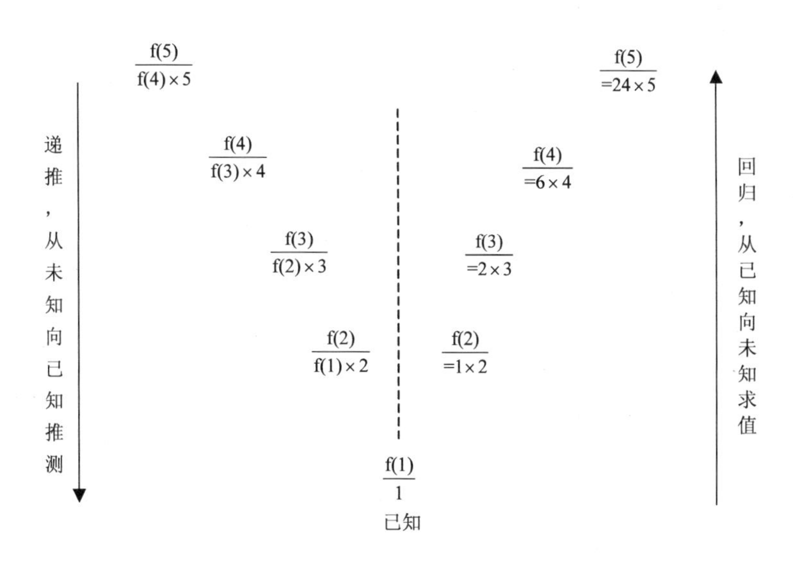

图 5-2　f(5)的递归调用过程

采用递归方法解决程序设计问题必须符合以下 3 个条件。

(1)要解决的问题可以转化为一个规模较小的新问题，新问题的解决方法与原问题相同，不同之处在于所处理的问题规模(函数的参数)。

(2)通过转化过程可以使问题逐步简化，直到问题得到解决。

(3)递归问题必须有一个明确的递归结束条件，使得问题能够在适当的地方结束递归调用，否则可能导致系统出错。

在例 5-6 中使用递归函数求解 n!时，f 函数在函数体中直接调用自身，属于直接递归。C++语言中还允许间接递归。

【例 5-7】阅读以下程序，给出程序的输出结果(间接递归)。

源程序代码

```
#include <iostream.h>
void f2(int n);
void f1(int n)
{
    if(n==0)return;
    cout<<n%10<<'\t';                          //A
    if(n%2==0)f2(n/10);                        //B
```

```
}
void f2(int n)
{
    if(n==0)return;
    cout<<n%10<<'\t';                          //C
    if(n%2)f1(n/10);                           //D
}
void main(void)
{
    f1(1112234);
    cout<<'\n';
}
```

程序运行结果

4　3　2　2

程序分析

当 main 函数调用 f1 函数时，f1 函数执行到 B 行便调用 f2 函数；而当 f2 函数执行到 D 行时又要调用 f1 函数，这是一种间接递归调用的情形。需要指出的是，不管是直接递归还是间接递归，递归调用的次数必须有限，这样可以确保经过有限次的调用后递归调用能够终止。

函数递归调用时，递归函数中递归调用语句之前的语句在递推阶段执行，之后的语句在回归阶段执行。本例中若将 A 行和 B 行的位置，以及 C 行和 D 行的位置互换，则输出：

2　2　3　4

5.3.4　函数的参数传递

调用函数时，通过参数实现函数之间的数据传递。根据函数形参的不同类型，函数间传递数据的方式可分为值传递、地址传递和引用传递 3 种。

1. 值传递

普通变量作为函数参数，实参与形参之间的传递属于值传递。

【例 5-8】分析以下程序的输出结果。

源程序代码

```
#include <iostream.h>
void swap1(float x, float y)                //形参 x 和 y 为普通变量
{
    float temp;
    temp=x;
    x=y;
    y=temp;
    cout<<"x="<<x<<'\t'<<"y="<<y<<'\n';
}
void main(void)
{
    float a=5.5,b=6.5;
```

```
    cout<<"a="<<a<<'\t'<<"b="<<b<<'\n';
    swap1(a,b);                               //A
    cout<<"a="<<a<<'\t'<<"b="<<b<<'\n';
}
```

程序分析

当 main 函数在 A 行调用 swap1 函数时，系统暂停 main 函数的执行，转而执行 swap1 函数，并将实参 a 和 b 的值分别赋给 swap1 函数的两个形参 x 和 y；a 与 x 是两个独立的变量，在执行 A 行时，把 a 的值赋给 x，即 int x=a。b 与 y 的关系同样如此。执行 swap1 函数时，交换变量 x 和 y 的值，对 a 和 b 的值没有影响。值传递是单向传递，在函数调用时将实参的值传递给形参，而形参的值并不能回传给实参，因此，swap1 函数调用结束后实参 a 和 b 的值并没有发生交换。

程序运行结果

a=5.5　b=6.5

x=6.5　y=5.5

a=5.5　b=6.5

2. 地址传递

指针变量作为函数参数，实参与形参之间的传递属于地址传递。

【例 5-9】分析以下程序的输出结果。

源程序代码

```
#include <iostream.h>
void swap2(float *p1, float *p2)              //形参 p1 和 p2 为指针
{
    float temp;
    temp=*p1;
    *p1=*p2;
    *p2=temp;
}
void main()
{
    float a=5.5,b=6.5;
    cout<<"调用 swap2 函数前 a 和 b 的值:\n";
    cout<<"a="<<a<<",b="<<b<<'\n';
    swap2(&a,&b);                             //A
    cout<<"调用 swap2 函数后 a 和 b 的值:\n";
    cout<<"a="<<a<<",b="<<b<<endl;
}
```

程序分析

swap2 函数的两个形参均为指针类型的变量，当 main 函数在 A 行调用 swap2 函数时，将实参 a 和 b 的地址传递给 swap2 函数的，使得 p1 和 p2 分别指向 main 函数中的变量 a 和 b；执行 swap2 函数时，交换*p1 和*p2，即交换了 p1 和 p2 所指向的变量空间 a 和 b 中的内容。调用 swap2 函数后，返回主函数时，通过指针 p1 和 p2 对变量 a 与 b 值的改变被保留下来，

从而实现了变量 a 和 b 值的交换。swap2 函数的参数为指针类型，实参与形参之间的传递属于地址传递，实参传递给形参的值是变量的地址。

程序运行结果

```
调用 swap2 函数前 a 和 b 的值:
a=5.5, b=6.5
调用 swap2 函数后 a 和 b 的值:
a=6.5, b=5.5
```

需要注意的是，若例 5-9 中 swap2 函数中交换的不是*p1 和*p2，而是 p1 和 p2，则不会改变 a 和 b 的值，如 swap3 函数所示：

```
void swap3(float *p1, float *p2)
{
    float *p;
    p=p1;
    p1=p2;
    p2=p;
}
```

swap3 函数中交换的是 p1 和 p2 所指的位置，交换后 p1 指向 b，p2 指向 1，此时并没有改变 a 和 b 的值。

3. 引用传递

引用变量作为函数参数，实参与形参之间的传递属于引用传递。

【例 5-10】分析以下程序的输出结果。

源程序代码

```
#include <iostream.h>
void swap4(float &p1,float &p2)              //形参是引用类型
{
    float temp;
    temp=p1;p1=p2;p2=temp;
}
void main()
{
    float a=5.5,b=6.5;
    cout<<"调用 swap4 函数前 a 和 b 的值:\n";
    cout<<"a="<<a<<",b="<<b<<'\n';
    swap4(a,b);                              //A
    cout<<"调用 swap4 函数后 a 和 b 的值:\n";
    cout<<"a="<<a<<",b="<<b<<endl;
}
```

程序分析

swap4 函数的两个形参均为引用类型的变量，main 函数在 A 行调用 swap4 函数时，实参 a 和 b 与形参 p1 和 p2 之间的参数传递属于引用传递。由于形参 p1 和 p2 为引用类型变量，

系统不再为形参 p1 和 p2 分配新的内存空间，而是与实参共用内存空间，即有 float & p1=a，float & p2=b，在执行 swap4 函数时，p1 和 p2 分别是变量 a 和 b 的别名。

程序运行结果

```
调用 swap4 函数前 a 和 b 的值:
a=5.5,b=6.5
调用 swap4 函数后 a 和 b 的值:
a=6.5,b=5.5
```

5.3.5　数组作为函数的参数

数组可以作为函数的实参数。由于数组名是数组的首地址，故函数调用时是将数组的首地址传递给形参，因而是地址传递。

1. 传递一维数组

一维数组的数组名是第一个元素(变量)的地址，传递一维数组时，形参为元素指针，实参通常为一维数组的数组名。

【例 5-11】统计一个英文字符串中的英文单词的个数。假定字符串中只包含合法的英文单词，即字符串中只有英文字母和空格，而不包含其他字符，英文单词以一个或多个空格分隔。

程序设计

通过指针 p 变量遍历指针 str 所指向的字符串。首先跳过一个单词首字母之前的一个或多个空格字符，将指针 p 移到单词的开始位置。单词的计数器 count 加 1，接着后移指针 p，跳过该单词，使 p 指向该单词之后的第一个空格字符处，以判断下一个单词。重复单词的计数，直到字符串结束标记。

源程序代码

```
#include <iostream.h>
int number(char *str)                          //形参也可以是 char str[]
{
    char *p=str;
    int count=0;
    while(*p){                                 //循环条件等同于*p!='0'
        while(*p!='\0'&&*p==' ')p++;           //A
        if(*p!='\0'&&*p!=' ')count++;          //B
        while(*p!='\0'&&*p!=' ')p++;           //C
    }
    return count;
}
void main()
{
    char *s1="Jiangsu University of Science and Technology";
    char s2[100];
    cin.getline(s2,100);
    cout<<"字符串 s1: "<<s1<<"中的单词个数为:"<<endl;
```

```
    cout<<number(s1)<<endl;                         //D
    cout<<"字符串 s2: "<<s2<<"中的单词个数为:"<<endl;
    cout<<number(s2)<<endl;                         //E
}
```

程序分析

number 函数用于统计指针 str 所指向的字符串中包含的单词个数。A 行实现一个单词首字母之前的一个或多个空格字符的扫描，通过指针后移使指针 p 指向一个单词的首字母或者字符串结束标记，当 p 指向字符串结束标记，即*p=='\0'时，计数结束；B 行用于单词个数的计数；C 行使 p 指向已统计单词之后的第一个空格字符或者字符串结束标记处。

number 函数的形参 str 为字符类型的指针，调用 number 函数时对应的实参应该为字符类型的指针或者字符数组的首地址，属于地址传递；main 函数在 D 行调用 number 函数时，以指针变量 s1 作为实参，将指针 s1 的值传递给形参 str，使得 str 指向 s1 所指的字符串的起始位置；main 函数在 E 行调用 number 函数时，以数组名 s2 作为实参，将字符数组 s2 的起始地址传递给形参 str，使得 str 指向字符数组 s2 的起始地址。

数组做参数时，除了本例中的指针形式外，还可以写成数组形式，如 char str[]。此时，str 仍为一个指针，而不是一个数组，这两种写法是等同的。对于非字符型的数组，因其没有结束标记，为了操作方便，通常增加一个整型变量的参数，传递数组的大小(元素的个数)。如下定义的 ave 函数：

```
#include<iostream.h>
float ave(int a[ ],int n)
{
    float s=0;
    for(int i=0;i<n;i++)s+=a[i];
    return s/n;
}
void main()
{
    int b[10]={1,3,5,7,9,2,4,6,8,10};
    cout<<ave(b,5)<<endl;
}
```

在上面定义的 ave 函数中，函数的第一个参数 a 是一个整型的指针，第二个参数 n 为整型变量，函数 ave 的功能是求以 a 为起始地址的整型数组中连续 n 个元素的平均值。当在 main 函数中执行函数调用语句 ave(b,5)时，数组 b 的起始地址传递给指针 a，属于地址传递；常量 5 的值传递给普通变量类型的形参 n。执行完该调用语句后，求得数组 b 中前 5 个元素的平均值，并返回主函数。

2. 传递二维数组

由于二维数组名也是一个地址，但其为行地址，所以传递二维数组时，形参应为行指针，即指向一维数组的指针，同样有指针变量和数组两种形式。

【例 5-12】某班级共有 M 个学生，每个学生选修 N 门课程。设计程序统计该班每个学生各门课程的总分以及每门课程的平均分，并按行输出每个学生的成绩和各门课程的平均成绩。

程序设计

(1)定义M+1行N+1列的二维数组，前M行中每行的前N列用于存储一个学生N门课程的成绩，第N+1列用于存储该学生的总成绩；二维数组每列的前M行用于存储各学生的每门课程的成绩，第M+1行的前N列用于存储每门课程的平均成绩，第M+1行的第N+1列用于存储各学生总分的平均值。

(2)定义函数void sum(float score[][N+1],int n)，计算每个学生的总分，并将其存储到元素score[i][N]中，其中行下标i表示第i+1个学生。

(3)定义函数void ave(float(*score)[N+1],int n)，用于计算每门课程的平均分，并将其存储到元素score[n–1][j]中，其中列下标j表示第j+1门课程。

源程序代码

```
#include<iostream.h>
#define M 4
#define N 5
void sum(float score[][N+1],int n)                    //A
{
    for(int i=0;i<n;i++)    {
        score[i][N]=0;
        for(int j=0;j<N;j++)
            score[i][N]+=score[i][j];
    }
}
void ave(float(*score)[N+1],int n)                    //B
{
    for(int j=0;j<N+1;j++){
        score[n-1][j]=0;
        for(int i=0;i<n-1;i++)
            score[n-1][j]+=score[i][j];
        score[n-1][j]/=n-1;
    }
}
void print(float score[][N+1],int n)
{
    for(int i=0;i<n;i++){
        for(int j=0;j<N+1;j++)
            cout<<score[i][j]<<'\t';
        cout<<'\n';
    }
}
void main()
{
        float score[M+1][N+1]={{90,80,70,85,78},{87,67,75,88,66},
```

```
                                    {76,85,96,87,78},{77,88,99,66,55}};
        sum(score,M+1);                                   //C
        ave(score,M+1);
        print(score,M+1);                                 //D
}
```

程序分析

本例题中二维数组作为函数参数。当函数的形参为行指针(如 A 行和 B 行)时，函数调用时提供的实参应该为二维数组名(如 C 至 D 行)。

一维数组和二维数组均可以作为函数的参数，参数传递均属于地址传递；不同的是一维数组名属于元素地址，而二维数组名则属于行地址。传递二维数组时，形参通常为指向一维数组的指针，有数组(如 A 行)和行指针(如 B 行)两种形式，实参为二维数组名、二维数组的行地址或者指向一维数组的指针变量。

二维数组在内存中的存储方式与一维数组相同,所以也可以通过元素指针传递二维数组。此时,作为形参的指针变量与传递一维数组相同,实参为二维数组首元素(第一行第一列元素)的地址。同时应注意，将二维数组当成普通的一维数组时，元素个数应为二维数组行数与列数之积。如本例中的 sum 函数、ave 函数和 print 函数可改为如下形式：

```
void sum(float score[],int n);
void ave(float *score,int n);
void print(float score[],int n);
```

当然,函数体中操作数组的方法也要相应地改为一维数组的形式,调用形式相应改为如下形式：

```
sum(&score[0][0],(M+1)*(N+1));
ave(score[0],(M+1)*(N+1));
print(*score,(M+1)*(N+1));
```

以上调用形式的第一个参数都是二维数组首元素的地址。

5.3.6　exit 和 abort 函数

exit 函数和 abort 都是 C++的库函数,其功能都是终止程序的执行,将控制归还操作系统。使用它们时要包含头文件 stdlib.h。

1. exit 函数

exit 函数的语法格式如下：

```
exit(表达式);
```

表达式的值通常是整型数，若表达式的值为零，为正常结束程序，此时系统会首先释放变量所占的存储空间，结束应用程序等工作后再结束程序；否则为非正常结束程序。

2. abort 函数

abort 函数的语法格式如下：

```
abort();
```

调用该函数时，括号内不能有任何参数。执行该函数时，系统不做结束程序前的收尾工作，直接终止程序的运行。

5.4　指针和函数

C++语言中可以定义函数的返回值是指针，也可以定义指向函数的指针变量。当函数调用结束后，前者返回一个已经定义了的数据空间的首地址；后者用于指向一个函数在内存空间的首地址。

5.4.1　函数的返回值为指针

在C++程序中，函数的返回值可以是基本数据类型，也可以是指针类型。当函数的返回值为指针类型时，函数的返回值是某个数据在内存空间的起始地址。对于返回值为指针的函数，其定义的一般格式如下：

```
数据类型 *函数名(形参列表)
{
        若干语句序列
}
```

【例5-13】设计程序，删除一个字符串中比指定整数小的所有元素，并将其拼接到另一个字符串的尾部。例如，第一个字符串为"abc*de#f!"，第二个字符串为"123456"。若指定整数为65，按照上述要求操作后，拼接后的字符串为"123456abcdef"。

程序设计

(1)定义函数char *del(char str[], int num)，遍历以str为起始地址的字符串，删除该字符串中ASCII码值比num小的所有字符，并返回该字符串的起始地址。

(2)定义main函数，调用del函数删除第一个字符串中ASCII码值比指定整数小的字符，并以该函数的返回值作为strcat函数的第二个参数，将其拼接到第二个字符串的尾部。

源程序代码

```
#include<iostream.h>
#include<string.h>
char *del(char str[], int num)                    //A
{
    for(int i=0;str[i];){
        if(str[i]<num){
            for(int j=i;str[j];j++)
                str[j]=str[j+1];
        }
        else i++;
    }
    return str;                                   //B
}
void main()
{
    char s1[]="abc*de#f!",s2[100]="123456";int number;
    cout<<"数组s1中原来的字符为:\n"<<s1<<endl;
```

```
    cout<<"数组 s2 中原来的字符为:\n"<<s2<<endl;
    cout<<endl;
    cout<<"请输入比较的整数 number:"<<endl;
    cin>>number;
    strcat(s2,del(s1,number));                  //C
    cout<<"拼接后数组 s2 中原来的字符为:\n"<<s2<<endl;
}
```

程序分析

由 A 行知，del 函数的返回值为字符类型的指针，因此函数在执行完毕后必须返回一个字符类型的地址。根据题意，该函数应当返回是该字符串的起始地址 str(B 行)。由于库函数 strcat 的两个参数均为字符类型的指针，故 C 行在调用 strcat 函数时，以字符数组名 s2 作为第一个实参，以 del 函数的返回值(字符类型的指针，即对 s1 执行删除操作后的新字符串的起始地址)作为第二个实参。

5.4.2　指向函数的指针

在 C++程序中，一个函数总是占用一段连续的内存空间，函数名则是该函数所占内存区域的首地址，称为函数执行的入口地址。定义一个指针变量来存储函数的入口地址时，该指针变量称为指向函数的指针变量。若将函数在内存空间的首地址赋予一个指针变量，那么该指针变量指向该函数。

定义指向函数的指针变量的一般格式如下：

```
函数类型(*指针变量)(形参列表);
```

函数类型即指针变量所指向函数的返回值的类型，形参列表则与指针变量所指向的函数的形参列表相同。例如：

```
int(*p)(char *str, int num);
```

p 为指向函数的指针变量，并且 p 指向的函数应该满足：函数的返回值类型为 int，函数具有两个参数，第一个参数为字符类型的指针，第二个参数的数据类型为 int。也就是说，指向函数的指针变量所指向的函数必须与该指针变量定义时的函数类型、参数个数、参数类型和参数顺序完全相同。

注意，在定义指向函数的指针变量时，“*指针变量”外面的圆括号不能少，否则便成为函数返回值为指针类型的函数的原型说明。例如：

```
int *f(char *str, int num);
```

此时，f 为函数名，f 函数的返回值为整型指针，f 函数的第一个参数是字符类型的指针，第二个参数的数据类型为 int。

C++程序中的函数名表示一个函数的入口地址，故可以将函数名赋给相应指向函数的指针变量。当对指向函数的指针变量进行赋值后，该指针变量便指向一个函数，可以使用该指针变量来调用其所指向的函数。

指向函数的指针变量调用函数的一般格式如下：

```
(*指向函数的指针变量)(实参列表)
```

或

指向函数的指针变量(实参列表)

【例 5-14】编程求一维数组中的最大值元素、最小值元素，并求出数组中所有元素的平均值。

程序设计

(1)对于以 p 为起始地址的长度为 n 的数组，定义函数 float max(float *p, int n)，用来查找其中的最大值元素；定义函数 float min(float *p, int n)，用来查找其中的最小值元素；定义函数 float ave(float *p, int n)，用来求其中所有元素的平均值。

(2)在 main 函数中定义指向函数的指针变量，使其分别指向 max 函数、min 函数和 ave 函数，并通过指向函数的指针变量分别调用上述 3 个函数。

源程序代码

```
#include<iostream.h>
float max(float *p, int n)
{
    float max_ele=*p;
    for(float *q=p+1;q<p+n;q++)
        if(max_ele<*q)max_ele=*q;
    return max_ele;
}
float min(float *p, int n)
{
    float min_ele=*p;
    for(float *q=p+1;q<p+n;q++)
        if(min_ele>*q)min_ele=*q;
    return min_ele;
}
float ave(float *p, int n)
{
    float average=0;
    for(int i=0;i<n;i++)    average+=*(p+i);
    return average/n;
}
void main()
{
    float a[5]={2.8, 3.5, 1.6, 8.9, 5.2};
    cout<<"数组 a 中的元素为:"<<endl;
    for(int i=0;i<5;i++)    cout<<a[i]<<'\t';
    cout<<'\n';
    float(*fp)(float *, int);                        //A
    fp=max;                                          //B
    cout<<"数组 a 中的最大值元素为:"<<fp(a,5)<<endl;    //C
    fp=min;                                          //D
```

```
    cout<<"数组 a 中的最小值元素为:"<<fp(a,5)<<endl;    //E
    fp=ave;                                              //F
    cout<<"数组 a 中元素的平均值为:"<<fp(a,5)<<endl;    //G
}
```

程序分析

程序中 max、min 和 ave 三个函数具有相同的函数头部，因此可以定义一个指向函数的指针变量 fp(A 行)，使其分别指向 max 函数(B 行)、min 函数(D 行)和 ave 函数(F 行)，然后通过指针 fp 分别实现对这 3 个函数的调用(C 行、E 行和 G 行)，其中函数的调用形式还可以写成：

```
(*fp)(a,5);
```

5.5　函数的其他特性

5.5.1　函数参数的缺省值

C++语言规定，在函数定义时允许给参数指定一个缺省值。这样的函数称为具有缺省参数的函数。在此情形下，若在函数调用时调用者明确提供了实参的值，则使用调用者提供的实参值；若调用者没有提供相应的实参，系统则使用参数的缺省值。

【例 5-15】分析以下程序的输出结果。

源程序代码

```
#include <iostream.h>
void f1(int x=1,int y=3){cout<<"x="<<x<<",\t"<<"y="<<y<<endl;}
void main()
{
    int a=10,b=20;
    cout<<"调用函数提供两个实参时:"<<endl;
    f1(a,b);                                   //A
    cout<<"调用函数提供一个实参时:"<<endl;
    f1(a);                                     //B
    cout<<"调用函数不提供实参时:"<<endl;
    f1();                                      //C
}
```

程序分析

程序中函数 f1 为具有缺省参数的函数，两个形参 x 和 y 均有缺省值。A 行调用 f1 函数时，调用者提供了两个实参，实参 a 和 b 传递给对应的形参 x 和 y，此时函数 f1 执行时形参 x 和 y 均不使用缺省值；B 行调用 f1 函数时，调用者只提供了一个实参，实参 a 的值传递给形参 x，而形参 y 则使用缺省值 3；C 行调用 f1 函数时，调用者没有提供实参，f1 函数便使用两个形参的缺省值参与运算。

注意：若函数的形参没有缺省值，函数调用时提供的实参必须与形参的个数保持一致；而对于具有缺省参数的函数，调用时提供的参数个数应不少于没有缺省值的参数个数，但无论什么情况下，实参的个数不能多于形参的个数。如果所有的形参均有缺省值，调用时甚至可以不提供实参(如C行)，但此时函数名后的括号不能少。

函数的缺省参数可以在函数定义时确定，也可以在函数原型说明时确定，但不能在同一个作用域内同时给出缺省值。关于作用域的内容见5.6节。若函数的参数具有不同的缺省值，使用时遵循局部优先的原则。

程序运行结果

```
调用函数提供两个实参时:
x=10,        y=20
调用函数提供一个实参时:
x=10,        y=3
调用函数不提供实参时:
x=1,         y=3
```

【例5-16】分析以下程序的输出结果。

源程序代码

```
# include <iostream.h>
void f2(int x=10){cout <<"x="<< x<<'\n';}
void main( )
{
    cout<<"形参使用全局缺省值:10"<<endl;
    f2();                                           //A
    cout<<"形参使用实参传递的值:20"<<endl;
    f2(20);                                         //B
    void f2(int=30);                                //C
    cout<<"形参使用局部缺省值:30"<<endl;
    f2( );                                          //D
    cout<<"形参使用实参传递的值:50"<<endl;
    f2(50);                                         //E
}
```

程序分析

函数f2为具有缺省参数的函数，A行和D行调用f2函数时均未提供实参，其中，在A行调用时形参x的值为全局缺省值，即x=10。由于程序在C行通过原型说明为形参x指定了局部缺省值，所以在执行D行调用时形参x的值便是局部缺省值，即x=30。另外，B行和E行调用f2函数时均提供了实参，不使用参数缺省值。

程序运行结果

```
形参使用全局缺省值:10
x=10
形参使用实参传递的值:20
x=20
形参使用局部缺省值:30
x=30
形参使用实参传递的值:50
x=50
```

具有缺省参数的函数在使用时还需注意以下几点。

(1) 原型说明提供缺省参数时，形参名可省略，如例 5-16 中的 C 行；同一个函数在不同的作用域可以有不同的缺省值，但在同一个作用域不可以有不同的缺省值。

(2) 函数有多个参数时，可以为所有参数提供缺省值，也可以只为部分参数提供缺省值。只有具有缺省值的参数在函数调用时才可以省略，没有缺省值的参数在函数调用时必须给出实参。如有以下函数的原型说明：

```
void fun(int, float=1.5, double=6.8);
```

若定义：

```
int a=5;
float b=2.3;
double c=3.6;
```

那么以下调用形式为正确调用：

```
fun(a);
fun(a, b);
fun(a,b,c);
```

而以下调用形式则为错误调用：

```
fun( );
```

(3) 如果函数定义时有多个参数，且其中只有部分参数有缺省值，那么应将具有缺省值的参数依次置于形参列表的右端。例如：

```
void fun(int, float=1.5, double=6.8);          //正确的原型说明
void fun(float =1.5, double, int=5);           //错误的原型说明
```

5.5.2　函数重载

函数重载是指具有相同函数名的函数有多种形式的实现，即通过不同的参数使函数完成不同的操作。函数重载一般用于具有相似功能的一组计算或者操作，但函数的具体实现存在一定的差异。例如，通过函数求平面多边形的面积时，由于不同图形的计算方式不同，而需要完成的功能又非常相似，所以可以通过定义重载函数来实现，以提高程序的重用性和易用性。

调用函数时，被调函数的确定依赖于函数名和调用者所提供的实参。由于重载函数具有相同的函数名，为了能够明确地调用重载函数，只能通过函数调用时提供的不同参数加以区分，函数返回值类型的不同无法区分被调用函数。因此，函数重载要求函数具有相同的函数名，参数的个数、类型、次序至少有一个不同。也就是说，参数的个数、类型或次序的不同是函数重载的依据，而函数类型的不同不能作为函数重载的依据。

【例 5-17】定义重载函数，分别计算三角形、矩形和圆的面积。

源程序代码

```
#include<iostream.h>
#include<math.h>
#define pi 3.14
```

```
double function(double a, double b, double c)       //求三角形面积函数
{
    double s, area;
    s=(a+b+c)/2;
    area=sqrt(s*(s-a)*(s-b)*(s-c));
    return area;
}
double function(double a, double b)                 //求矩形面积函数
{
    double area;
    area=a*b;
    return area;
}
double function(double r)                           //求圆面积函数
{
    double area;
    area=pi*r*r;
    return area;
}
void main()
{
    double a,b,c;
    cout<<"输入三角形的三条边:"<<endl;
    cin>>a>>b>>c;
    cout<<"该三角形的面积为:"<<function(a,b,c)<<endl; //A
    cout<<"输入矩形的长和宽:"<<endl;
    cin>>a>>b;
    cout<<"该矩形的面积为:"<<function(a,b)<<endl;     //B
    cout<<"输入圆的半径:"<<endl;
    cin>>a;
    cout<<"该圆的面积为:"<<function(a)<<endl;         //C
}
```

程序分析

程序中定义了3个function函数，分别用于计算三角形、矩形和圆的面积，这3个函数虽然具有相同的函数名，但具有不同的参数个数，属于函数重载。main函数中分别在A、B、C三行调用了重载函数function，为确定具体的调用函数，3次调用提供了不同个数的实参，从而唯一确定了每次调用的函数分别是求三角形面积函数、求矩形面积函数和求圆面积函数。当重载函数的参数个数相同时，也可以通过参数类型区分所调用的函数。

5.5.3　内联函数

在程序执行过程中，当调用一个函数时，系统要暂停主调函数的执行，转而执行被调函数，被调函数执行结束后，系统返回主调函数的调用处继续执行函数调用语句后的语句。因

此，函数调用时系统需要进行现场信息的保存与恢复。如果函数的功能比较简单，但函数调用时的系统开销相对较大，C++程序可以通过定义内联函数，在程序编译时将一些较简单的被调函数代码复制后直接插入主调函数调用处，以提高程序的运行效率。C++程序的内联函数实际上是用一个函数代码的复制替换函数调用语句，本质上是用存储空间换取运行时间。

定义内联函数的方法是在函数类型前加关键字 inline。例如，用户可以通过下列方法将函数说明为内联函数。

```
inline int max(int a, int b){ return a>b ? a:b ; }
```

关于内联函数的使用，需要说明以下两点。

(1) 内联函数仅限于一些简单的函数，函数体内不应包含循环、switch 分支和复杂嵌套的 if 语句。

(2) 用户指定的内联函数，系统不一定将其处理为内联函数。

5.6　变量的作用域与存储类型

C++语言中的变量具有不同的使用范围，在计算机内存中所分配的位置也有区别。变量作用域决定了变量的可用范围，存储类型决定了系统为变量分配空间时占用内存空间的方式。

5.6.1　变量的作用域

变量的作用域是指变量的有效范围。在 C++语言中，变量的作用域主要分为 5 种，即块作用域、文件作用域、函数原型作用域、函数作用域和类作用域。按作用域范围的不同，变量可分为全局变量和局部变量。类作用域将在后续章节中介绍，而函数作用域现在已经很少使用，本书不再详述。

1. 块作用域

语句块是指用花括号括起来的一部分语句。局部变量是在一个语句块内说明的变量，其作用域仅限于该语句块，不能在变量所处语句块以外的地方使用该变量。

【例 5-18】分析以下程序的输出结果。

源程序代码

```
#include <iostream.h>
void main( )
{
    int a=1;                        //A
    {
        int a=2;                    //B
        cout<<a<<'\n';              //C
    }
    cout<<a<<'\n';                  //D
}
```

程序分析

程序中 A 行定义的变量 a 的作用域为外层语句块，B 行定义的变量 a 的作用域为内层语句块。C++程序中允许存在同名变量，但同名变量必须具有不同的作用域。按照局部优先原则，内层语句块中的同名变量将屏蔽外层语句块的变量，因此程序在C行的输出为2。而在程序的D行不能再使用B行定义的变量a，只能使用A行定义的变量a，因此D行的输出为1。

从作用域的角度来看，使用局部变量时需要注意以下3点。

(1)在函数体中定义的变量只能在该函数体中使用，不能被其他函数使用。

(2)形参属于局部变量，其作用域为函数体。

(3)允许在不同的块中定义相同的变量名，使用时遵循局部优先原则。

【例5-19】分析以下程序的输出结果。

源程序代码

```
#include <iostream.h>
void fun(int j)
{
    for(int i=0;i<3;i++){
        int i=2;
        cout<<i*j<<'\t';
    }
    cout<<"\ni="<<i<<endl;
}
void main()
{
    int i=5;
    fun(i);
}
```

程序分析

for语句的表达式1中说明的变量其作用域而是包含for语句的语句块，而不是for语句的循环体。因此，本例中的fun函数可改为以下形式：

```
void fun(int j)
{
    int i;                              //A
    for(i=0;i<3;i++){
        int i=2;                        //B
        cout<<i*j<<'\t';                //C
    }                                   //D
    cout<<"\ni="<<i<<endl;
}
```

其中，fun函数的形参不能改为“int i”，因为它与for语句表达式1中说明的变量具有相同的作用域。

本函数中定义了两个i变量。A行定义的i变量的作用域从定义开始，直到fun函数结束；B行定义的变量i的作用域从定义开始到D行右花括号。按照局部优先规则，C行输出语句中的i应为B行定义的变量；主函数中定义的变量i的作用域从定义开始，到主函数结束，故主函数中调用fun函数的实参i为主函数中定义的i，其值为5。

程序运行结果

```
10  10  10
i=3
```

2. 文件作用域

全局变量是在语句块外说明的变量，其作用域为文件作用域。全局变量虽然属于源程序文件，即在整个程序中处处可用，但仍需要先定义后使用。当全局变量使用在前而定义在后时，在使用前需要用 extern 关键字加以说明；如果全局变量的定义在使用之前，此时可省略其说明。

【例 5-20】分析以下程序的输出结果。

源程序代码

```
#include <iostream.h>
int a;                              //A
void f()
{
    extern int b,c;                 //B
    a=2;
    c=a+b;
}
int b=3;                            //C
void main()
{
    extern int c;                   //D
    cout<<"全局变量:"<<"a="<<a<<'\t'<<"b="<<b<<'\t'<<"c="<<c<<'\n';
    f();
    cout<<"全局变量:"<<"a="<<a<<'\t'<<"b="<<b<<'\t'<<"c="<<c<<'\n';
}
int c=1;                            //E
```

程序分析

程序中的 A、C、E 行定义的 3 个变量 a、b 和 c 都属于全局变量，这 3 个变量的定义都在语句块外，源程序中的所有函数都可以使用它们。

在 f 函数中使用全局变量 b 和 c 时，由于它们的定义在其使用之后，所以需要用关键字 extern 对这两个变量作引用性说明(B 行)；同样，main 函数在使用全局变量 c 之前也需要对 c 作引用性说明(D 行)。

全局变量与局部变量除了作用域不同，在变量初始化时还存在区别：局部变量定义时如果没有初始化，其值是一个不确定的数据；而全局变量在定义时若没有初始化(如 A 行)，系统将使用缺省值 0 对其赋值。同时需要注意，全局变量只有在定义时才能初始化，使用 extern 对其作引用性说明时不能赋值。

程序运行结果

```
全局变量:a=0 b=3 c=1
全局变量:a=2 b=3 c=5
```

【例 5-21】分析以下程序的输出结果。

源程序代码

```
# include<iostream.h>
int i;                                    //A
void f(int a){i+=a+1;}
void main( )
{
    int i=2;                              //B
    cout<<"局部变量: i="<< i<<'\n';       //C
    f(i);                                 //D
    cout<<"全局变量: i="<<::i<<'\n';      //E
}
```

程序分析

程序中 A 行定义的变量 i 是全局变量，B 行定义的变量 i 是局部变量。在同一个源程序中，C++语言允许全局变量和局部变量同名。根据局部优先原则，如果不作特殊说明，在语句块内直接访问的是同名的局部变量，而非全局变量(如 C 行和 D 行)；如果需要访问同名的全局变量，可以通过作用域运算符“::”实现(如 E 行)。由于全局变量的作用域是整个源程序，所以任何函数对全局变量值的改变都将影响其他函数对全局变量的使用。本例中，f 函数中没有定义名为 i 的局部变量，因此在 D 行调用 f 函数(实参为 main 函数中的局部变量 i)时，修改了全局变量 i 的值。因此，在 E 行输出全局变量 i 的值时，不再是初始值 0，而是改变了以后的值 3。

程序运行结果

```
局部变量: i=2
全局变量: i=3
```

3. *函数原型作用域*

函数原型说明时形参列表中变量的作用域仅限于该原型说明语句，属于函数原型作用域。正因为如此，函数原型说明语句中可以省略形参名，只说明形参的类型。例如，函数原型说明：

```
int fun(float x, float y);
```

等价于：

```
int fun(float, float);
```

5.6.2 变量的存储类型

计算机存储空间整体上分为程序区、静态存储区和动态存储区 3 个区域。定义变量时，数据类型只是规定了变量占用内存空间的大小，并未说明变量占用的内存空间所在区域。通过定义变量的存储类型可以明确说明变量所在的存储区域。C++程序中变量的存储类型分为静态存储方式和动态存储方式两类。

静态存储方式是指在程序开始执行时就为变量分配固定的存储空间，并在整个程序运行期间一直占用该内存。动态存储方式是指在程序运行过程中执行到变量定义语句时为其分配存储空间，变量在其作用域内占用内存空间，程序执行到其作用域之外时，系统将收回为其分配的内存。变量的存储方式决定了变量的内存区域和生存周期。

在 C++语言中，变量的存储方式具体可分为自动类型、静态类型、寄存器类型和外部类型 4 种。其中，自动类型和寄存器类型属于动态存储方式，外部类型和静态类型属于静态存储方式。因此，变量说明的完整形式如下：

```
存储类型 数据类型 变量名 1, 变量名 2, …, 变量名 n ;
```

1. 自动类型变量

自动类型变量是 C++程序中使用最广泛的一种存储类型，用关键字 auto 说明。C++语言规定，定义时凡缺省存储类型的局部变量均为自动变量。例如：

```
void f(int a){int b;}
```

等同于

```
void f(auto int a){ auto int b; }
```

一般情况下，定义自动变量时，auto 可以省略。从作用域角度来看，自动变量具有块作用域；从存储方式来看，自动变量属于动态存储，若没有赋初值，则其值不确定。

2. 静态类型变量

静态类型变量用关键字 static 说明，属于静态存储方式，若没有赋初值，具有缺省的初值 0。例如：

```
static int a,b=1;
static float x[3];
```

此时，变量 a 具有缺省的初始值 0，数组 x 中每个元素也具有缺省的初始值 0。

从作用域的角度来看，静态类型的变量可以分为全局静态变量和局部静态变量。

对于局部静态变量，数据存储在静态存储区，其作用域为块作用域。静态类型变量与自动类型变量的不同之处在于，静态局部变量在分配存储空间时一定会初始化，同时程序执行到其作用域之外时，系统不收回为其分配的内存空间，即静态局部变量仍然存在且其值保持不变，再次使用该变量时，仍延续以前的值；值得注意的是作用域之外的静态局部变量虽然存在，却不能使用。静态局部变量只有在首次遇到说明语句时才为其分配存储空间。

【例 5-22】分析以下程序的输出结果。

源程序代码

```
#include<iostream.h>
void f(int a)
{
    static int i=0;                         //A
    int k=0;                                //B
    i+=a;
    k+=2;
    cout <<"局部静态变量:i="<<i<<'\t'<<"动态变量:k="<<k<<'\n';
}
void main(void)
{
    for(int i=1;i<=3;i++)                   //C
```

```
        f(i);
}
```

程序分析

程序中A行变量i为静态局部变量，B行变量k为动态局部变量，因此，当主函数3次调用f函数时，每次调用都要为变量k重新分配内存空间，并初始化为0(B行)；而对于变量i只是在第一次调用时为其分配内存空间并初始化(A行)，在以后的2次调用中不再为i分配内存，i的值为上次调用结束时保留下来的值。此外，A行和C行定义的变量i均属于局部变量，只能在各自的函数体中使用。

程序运行结果

```
局部静态变量:i=1        动态变量:k=2
局部静态变量:i=3        动态变量:k=2
局部静态变量:i=6        动态变量:k=2
```

全局静态变量是指使用static说明的全局变量，与未使用static说明的全局变量都属于静态存储。二者的区别在于，静态全局变量只能在定义它的源程序中使用，以避免在多个文件组成的程序中变量的重名问题；而未使用static说明的全局变量可以被说明为外部变量(以关键字extern说明)，允许同一工程中的其他源程序以外部变量的形式使用。

3. 寄存器类型变量

寄存器类型变量是指以关键字register说明的局部变量。定义寄存器类型变量的目的是将变量直接保存在CPU的寄存器中，以提高变量的读写速度；但是寄存器类型的变量只是建议系统使用寄存器类型，最终是否使用寄存器来存储由系统决定。例如：

```
register int i;
for(i=0;i<=100;i++)i+=i;
```

4. 外部类型变量

在说明变量时，使用关键字extern修饰的变量称为外部变量。外部变量一定是全局变量，属于静态存储类型。C++程序中的外部变量主要应用于以下两种情形。

(1)在同一源程序中，全局变量如果先使用后定义，那么在使用之前需要声明该变量为外部类型变量。

(2)当在一个源程序文件中使用其他文件中说明的全局变量时，需要先使用extern关键字对该变量进行声明。

5.7 编译预处理

编译预处理是指在编译源程序之前，编译预处理程序对源程序中的编译预处理指令所做的加工处理工作。C++语言中的编译预处理指令包括文件包含、宏定义和条件编译3类，编译预处理指令均具有如下特点。

(1)以符号#开头。

(2)以回车符结束。

(3)通常一条预处理指令占一行。

5.7.1 文件包含

文件包含是指，预处理时将语句所指定的文件加到当前源程序中。文件包含的基本格式如下：

```
#include"文件名"
```

或

```
#include <文件名>
```

这两种不同的形式存在一定的区别：尖括号表示列系统默认的包含文件目录中查找；双引号表示先在当前源文件目录中查找，若未找到再到默认的包含文件目录中查找。其中，包含目录由用户在设置环境时设定。一般情况下，系统库文件使用尖括号；若要包含用户自定义文件则使用双引号。例如：

```
#include<math.h>
```

文件包含指令的功能是将指定的文件插入该指令行位置以取代该指令行，从而将指定的文件和当前的源程序文件连成一个源文件。在程序设计中，一个大的程序可以分成多个模块，由多个程序员分别编程。有些公用的符号常量或宏定义等可单独组成一个文件，在需要使用到它们的程序中用包含指令包含该文件即可。这样，可避免在每个文件开头书写公用部分，从而节省了时间，并且可以减少出错。使用文件包含指令时应注意以下两点。

(1) 一个 include 指令只能指定一个被包含文件，若有多个文件要包含，则需使用多个 include 指令。

(2) 文件包含允许嵌套，即在一个被包含的文件中又可以包含另一个文件。

5.7.2 宏定义

宏定义是指定义一个标识符来代替一个字符串、常量、表达式等。被定义为宏的标识符称为宏名。在编译预处理时，程序中出现的所有宏名均使用宏定义中的字符串、常量或者表达式等代换，这一过程称为宏代换或宏扩展。宏定义有两种形式，即无参宏和有参宏。

1. 无参宏

无参宏定义的一般格式如下：

```
#define  标识符 字符序列
```

在使用宏时有以下几点需要注意。

(1) 宏名通常用大写字母表示，以区别于普通变量。

(2) 在进行宏扩展时，只对宏名作简单的替换，而不作任何计算；当宏扩展完成后再作相应的计算或操作。

(3) 宏定义以换行符结束，而不是语句结束符分号，若宏定义行末有分号，宏扩展时连分号一起替换。

(4) 宏定义也有作用域，分局部宏和全局宏。若要终止其作用域，可以使用#undef 命令。终止宏定义的一般格式如下：

```
#undef  宏名
```

(5)字符串中与宏名相同的字符串不作为宏名对待。例如：

```
#define AB "CDE"
#define XY "ABCDE"
```

此时，ABCDE 中的 AB 不是宏，宏扩展时不会将其中的 AB 替换为 CDE。

(6)定义宏时，如果需要替换的串长于一行，可以写成多行的形式，行尾用反斜线“\”续行。例如：

```
#define CHINA "China is situated in eastern Asia \
        with an area of 9.6 million square kilometers."
```

【例 5-23】分析以下程序的输出结果。

源程序代码

```
# include <iostream.h>
#define M i+i
#define N (i+i)
void main(void)
{
    int a,b,i=1;
    a=2*M+3*M;                        //A
    b=2*N+3*N;                        //B
    cout<<"a="<<a<<'\n';
    cout<<"b="<<b<<'\n';
}
```

程序分析

A 行宏扩展后的表达式为 a=2*i+i+3*i+i，B 行宏扩展后的表达式为 b=2*(i+i)+3*(i+i)。

程序运行结果

```
a=7
b=10
```

2. 有参宏

有参宏定义的一般格式如下：

```
#define  宏名(形参列表) 字符序列
```

有参宏的使用通过宏扩展来实现，宏调用的一般形式如下：

```
宏名(实参列表);
```

其中，宏定义时的参数称为形式参数，宏扩展时的参数称为实际参数。例如：

```
#define  M(x)  x*3+2*x
y=M(5);
```

在宏调用时，用实参 5 代替形参 x，经预处理宏展开后的语句如下：

```
y=5*3+2*5;
```

使用有参宏时应注意以下几点。

(1)在有参宏定义中，宏名和形参列表之间不能有空格。如果将“#define MAX(a,b)(a>b)?a:b”写成“#define MAX (a,b) (a>b)?a:b”，此时MAX是一个无参宏，宏名MAX代表字符串“(a,b) (a>b)?a:b”。若有宏调用语句：“max=MAX(x,y);”，则宏扩展后的表达式为“max=(a,b) (a>b)?a:b(x,y)”。显然，这是一个错误的表达式。

(2)宏定义中的形参是标识符，而宏调用中的实参可以是表达式。

(3)有参宏和有参函数很相似，但是二者有着本质的区别：在有参宏定义中，形参不能作类型说明；函数调用通过实参与形参传递数据，而宏调用时只是作简单替换。

【例5-24】分析以下程序的输出结果。

源程序代码

```
#include <iostream.h>
#define MAX(a,b)(a>b)?a:b                          //A
void main()
{
    int x=5,y=3,z;
    z=MAX(x,y);                                    //B
    cout<<z<<endl;
    z=MAX(x-y,y);                                  //C
    cout<<z<<endl;
}
```

程序分析

程序中，A行为有参宏定义，B行宏调用时的实参为变量x和y，C行调用时的实参为表达式x–y和y。B行宏扩展后的表达式为z=(x>y)?x:y，C行宏扩展后的表达式为z=(x–y>y)?x–y:y。程序运行时的输出结果为5和3。

5.7.3　条件编译

一般情况下，设计程序时编译程序会处理所有的语句，若要求程序不编译某段代码，可以使用条件编译。预处理程序提供的条件编译功能可以按不同的条件编译不同的源程序代码，产生不同的目标文件。常用的条件为宏名的定义。

宏名作为条件编译的一般格式如下：

```
#ifdef  标识符
    程序段
#endif
```

其功能是如果标识符已被#define命令定义过，则编译该程序段，否则不编译。条件编译常用的另一种格式为：

```
#ifdef  标识符
    程序段1
#else
    程序段2
#endif
```

其功能是如果标识符已被#define命令定义过，则对程序段1进行编译；否则对程序段2

进行编译。

5.8 程 序 举 例

【例 5-25】定义函数求 e^x 的近似解，要求最后一项小于 10^{-6}。求 e^x 近似值的公式为 $e^x = 1 + \frac{x}{1!} + \frac{x^2}{2!} + \frac{x^3}{3!} + \cdots + \frac{x^n}{n!} + \cdots$。

程序设计

(1) 定义递归函数 int fun(int n)，用来计算 n!。

(2) 在 main 函数中调用 fun 函数，逐一求解 e^x 的每一项并累加到变量 sum 中，并通过判定每一项是否满足要求(小于 10^{-6})来决定是否继续求下一项。

源程序代码

```
#include<iostream.h>
#include<math.h>
int fun(int n)
{
    if(n==1)
        return 1;
    else
        return n*fun(n-1);
}
void main()
{
    double sum,m,a;
    int n=1,x;
    sum=1.0;
    cin>>x;
    m=x;
    a=m/fun(n);
    while(a>1E-6){
        sum+=a;
        m*=x;                                   //A
        n++;
        a=m/fun(n);                             //B
    }
    cout<<"sum="<<sum<<'\n';
}
```

程序分析

求 e^x 近似值公式的每一项是一个分数，A 行用于构造分子，fun 函数用来求分母，第 n 次循环中 B 行求得的是 e^x 的第 n+1 项。当该项满足循环条件时，进入下一次循环。

【例 5-26】统计二维数组中所有元素的平均值，并将二维数组中小于平均值的元素存储到一维数组中，同时输出这些元素及其个数。

程序设计

(1) 定义函数 float ave (int a[ ][N],int n)，计算行指针 a 所指向的二维数组中元素的平均值，并返回该值。

(2) 定义函数 int fun (int (*p) [N],int n, int *b)，在 fun 函数中调用函数 ave 求出行指针 p 所指向的二维数组中元素的平均值，然后遍历二维数组将其中小于平均值的元素存储到以 b 为起始地址的一维数组中，即指针 b 所指向的一维数组中，函数返回小于平均值的元素个数。

源程序代码

```
#include<iostream.h>
#define M 3
#define N 4
float ave(int a[][N],int n)                          //A
{
    float sum=0;
    for(int i=0;i<n;i++)
        for(int j=0;j<N;j++)
            sum+=a[i][j];
    return sum/(n*(N));
}
int fun(int(*p)[N],int n, int *b)                       //B
{
    float average=ave(p,n);                             //C
    cout<<"二维数组中元素的平均值为:"<<average<<endl;
    int k=0;
    for(int i=0;i<n;i++)                                //D
        for(int j=0;j<N;j++)
            if(p[i][j]<average){
                *(b+k)=p[i][j];
                k++;
            }
    return k;
}
void main()
{
    int num[M][N]={{1,10,20,30},{20,15,10,5},{3,6,9,12}};
    int c[(M)*(N)];
    int count=fun(num,M,c);                           //E
    cout<<"二维数组中的元素为:"<<endl;
    for(int i=0;i<M;i++){
        for(int j=0;j<N;j++)
            cout<<num[i][j]<<'\t';
        cout<<'\n';
    }
    cout<<"小于平均值的元素为:"<<endl;
```

```
    for(i=0;i<count;i++){
        cout<<c[i]<<'\t';
        if((i+1)%5==0)cout<<'\n';
    }
    cout<<endl;
    cout<<"count="<<count<<endl;
}
```

程序分析

本程序中函数 ave 的第一个形参 a 为指向一维数组的指针变量(行指针)，第二个形参 n 为 a 所指向的二维数组的行数(如 A 行所示)；函数 fun 的 3 个形参 p、n 和 b 分别为指向一维数组的指针变量、整型变量和元素指针，其中第一个参数和第二个参数的含义与函数 ave 中的参数相同，指针 b 指向一维数组中的第一个元素，该一维数组用以存储二维数组中比平均值小的元素(如 B 行所示)。当程序执行到 E 行调用 fun 函数时，分别将二维数组名 num、数组 num 的行数和一维数组名 c 传递给 fun 函数的 3 个参数。在执行 fun 函数的过程中调用 ave 函数时(C 行)，又将指针 p 中存储的地址，即二维数组 num 的起始地址传递给指针 a，将数组 num 的行数传递给 n；调用 ave 函数结束时，将二维数组 num 中元素的平均值返回调用处，赋值给变量 average。在调用 fun 函数的过程中，指针 p 指向数组 num，因此在 fun 函数中实际遍历的是二维数组 num 中的元素。fun 函数调用结束后，数组 num 中小于平均值的元素被逐一存储到指针 b 所指向的一维数组(数组 c)中。当 fun 函数的 D 行双重循环执行结束后，变量 k 的值即为指针 b 所指向的一维数组 c 中有效元素的个数，即二维数组 num 中小于平均值的元素个数。

【例 5-27】统计一个字符串中数字字符、英文字符和其他字符的个数。

程序设计

通过指针变量 p 遍历指针 str 所指向的字符串，逐一判断 p 所指向的字符属于何种类型的字符，并将对应的计数器加 1。

源程序代码

```
#include <iostream.h>
int numofchar(char *str, int *ch, int &oth)
{
    char *p=str;
    int num=0;                                  //A
    *ch=0;                                      //B
    oth=0;                                      //C
    while(*p){                                  //D
        if(*p>='0'&&*p<='9')num++;
        else if((*p>='a'&&*p<='z')||(*p>='A'&&*p<='Z'))(*ch)++;
            else oth++;
        p++;
    }
    return num;                                 //E
}
```

```
void main()
{
    char s[]="the value of 8%6 is 2.";
    int number,character,other;
    number=numofchar(s,&character,other);   //F
    cout<<"字符串"<<s<<"中的 3 种字符的个数分别为:"<<endl;
    cout<<number<<'\t'<<character<<'\t'<<other<<endl;
}
```

程序分析

本程序中，numofchar 函数中的参数 str 指向待处理的字符串。由于 numofchar 函数在执行完毕后需要将 3 种类型的字符个数提供给调用函数，而函数只能返回一个值。numofchar 函数通过 return 语句将 num 的值(数字字符的个数)返回调用函数(E 行)，同时定义整型指针参数 ch 和整型引用参数 oth，分别用于带回 str 所指向的字符串中英文字符的个数和其他字符的个数。在执行 numofchar 函数时，首先将*ch 和 oth 置为 0(B 行和 C 行)，实际上是将主函数中的整型变量 character 和 other 初始化为 0。当 numofchar 执行完毕后，*ch 和 oth 中存储的便是字符串 s 中英文字符和其他字符的个数，通过指针变量 ch 和引用变量 oth 可以分别改变实参 character 和 other 中的值。去掉 numofchar 函数第 3 个参数前的引用符&，程序虽然没有错误，也能正常运行，但得不到其他字符的个数，因为值传递无法改变实参的值。

【例 5-28】删除一个字符串中的所有非数字字符，并将剩下的数字字符串转换为一个相反顺序的整数。如字符串“a1 @a 2h$34##5 6ga”经函数处理后变为字符串 123456，函数的返回值为 654321。在主函数中输出处理后的字符串及得到的整数。

程序设计

(1) 设计函数 char *del(char *str)，用于删除 str 所指向的字符串中的非数字字符，并将仅包含数字字符的字符串的起始地址返回主调函数。为了删除 str 中的非数字字符，以指针变量 p1 遍历字符串 str，如果 p1 所指向的字符是非数字字符，则通过指针变量 p2 将 p1 后面的字符逐一前移，删除 p1 所指向的非数字字符，然后 p1 指针后移，继续处理下一个字符；当 p1 所指向的字符是数字字符时，p1 指针直接后移。

(2) 设计函数 int conversion(char *str)，用于将 str 所指向的仅包含数字字符的字符串从后到前转换成一个整数。为了得到逆序的整数，指针 p 指向字符串 str 的最后一个有效字符，以逆序的方式遍历字符串 str；同时，在遍历的过程中，将 p 所指向的字符逐一转换成整数。如对于数字字符串“123456”，首先将字符‘6’转换成整数 6，并将其加入累加器 s(s 初值为 0)；接着处理字符‘5’，先通过 s*10 的方式将上一次得到的整数向前进一位，然后与整数 5 相加构成一个新的整数，并存储到 s 中，以此类推，直至处理完字符串中的所有字符。

源程序代码

```
#include<iostream.h>
#include<string.h>
char *del(char *str)
{
    int flag=0;
    for(char *p1=str;*p1;p1++){
```

```
        if(*p1<'0'||*p1>'9')                        //A
            for(char *p2=p1;*p2;p2++){              //B
                *p2=*(p2+1);
                flag=1;
            }
        if(flag==1){
            p1--;
            flag=0;
        }
    }
    return str;                                     //C
}
int conversion(char *str)
{
    int s=0;
    for(char *p=str+strlen(str)-1;p>=str;p--)
        s= s*10+*p-'0';                             //D
    return s;
 }
void main()
{
    char s[]=" a1 @a 2h$34##5 6ga";
    cout<<"原字符串为:"<<endl;
    cout<<s<<endl;
    cout<<"处理后的字符串为:"<<endl;
    cout<< del(s)<<endl;                            //E
    cout<<"逆序后的整数为:"<<endl;
    cout<<conversion(s)<<endl;
}
```

程序分析

本程序中A行的条件满足时，表示p1所指向的字符为非数字字符，因而通过B行的for语句将p1之后的所有字符逐一前移，以删除非数字字符。指针作为一种构造数据类型，既可以作为函数的参数，也可以作为函数返回值类型。del函数的返回值类型为字符型指针，属于有返回值函数，因此del函数中必须包含return语句，且return后面必须有表达式，表达式的值应该为字符类型的指针。del函数在C行将str返回主调函数，实际上是将删除非数字字符后的新字符串的起始地址返回主调函数，这样main函数在E行调用del函数后，输出的是删除非数字字符后的新字符串。D行通过表达式*p-'0'将p所指向的数字字符转换成对应的整数，从而实现数字字符串与对应整数的转换。

del函数中的flag作为有无删除非数字字符的标记，当删除了一个非数字字符时，将flag的值置为1。此时，为了防止移到p1位置的字符仍是非数字字符，将p1前移一位，与p1++相抵消，即继续对p1所指向的字符进行判断。删除非数字字符的del函数还可以写成如下形式：

```
char *del(char *str)
{
    char *p1=str,*p2=str;
    while(*p1){
        if(*p1>='0'&&*p1<='9')*p2++=*p1;
        p1++;
    }
    *p2='\0';
    return str;                                  //F
}
```

程序中，F 行的 str 不能为 p1 或 p2，因为经删除操作后，p1 和 p2 均不再指向 str 的首字符。

习　题

1. 设计程序，求两个整数的最小公倍数。

2. 设计程序，统计从键盘读入的一行字符中每个字符出现的次数。

3. 设计程序，将从键盘读入的一个数插入有序数组中，并保持新数组仍然有序。

4. 设计程序，将二维数组中每一列元素按从小到大的顺序进行排序。

5. 设计处理二维数组的程序，要求如下。

(1) 定义函数 void input(int a[][4], int n)，用于对二维数组进行初始化。

(2) 定义函数 void output(int (*a) [4], int n)，用于输出二维数组中的元素。

(3) 定义函数 int search_max(int a[][4], int n, int &col, int &vol)，用于查找二维数组 a 中的最大值元素，并记录其行下标和列下标，其中最大值元素的值通过函数返回值带回主函数，对应的下标分别存储到 col 和 vol 中。

(4) 在主函数中进行测试。

6. 设计函数 int int_to_string(int num, char a[],int &n)，对一个不为 0 的任意位数的十进制整数 num，统计出 num 的位数 n 及各位数字之和 s，并将每位数字以字符的形式存储到数组 a 中。在主函数中调用 int_to_string 函数，对从键盘读入的整数进行测试。调用该程序的运行结果如下(带下划线部分为键盘输入内容)：

请输入一个整数：12345↙

12345 是 5 位数，其各位数字为 1、2、3、4、5，各位数字之和为 15。

第 6 章　结构体与简单链表

在用 C++语言进行程序设计时，一组数据往往具有不同的数据类型。例如，学生信息包含整型数据学号和年龄、字符型数据姓名和性别，以及实型数据成绩等。显然不能用一个数组来存储这些数据，因为数组中各元素的类型都必须相同。为了解决这个问题，C++语言引入了结构体。

6.1　结　构　体

结构体由若干数据项组成，每个数据项可以是基本数据类型，也可以是构造数据类型。图 6-1 列出了学生的基本信息，这些信息包括学号(num)，姓名(name)，性别(sex)，年龄(age)，C++成绩(score)。如果将它们分别定义为互相独立的变量，很难反映出它们之间的内在联系，应该将它们组合起来，定义成一种新的结构体类型数据。该结构体类型数据由整型、字符数组、字符型、实型等数据项组成。

num	name	sex	age	score
11419041	LiYun	F	19	89.5

图 6-1　学生基本信息

6.1.1　结构体类型

在 C++语言中用关键字 struct 定义结构体类型，按照标识符的命名规则为结构体类型命名。一个结构体类型包括一个或几个数据项，称为该结构体类型的成员。

定义结构体类型的一般格式如下：

```
struct 结构体类型名
{
    成员列表
};
```

struct 是定义结构体的关键字；结构体类型名是用户命名的标识符；成员列表由若干成员说明组成，每个成员有自己的数据类型和名称，成员的数据类型可以是基本数据类型，也可以是构造数据类型，成员名为自定义标识符。如图 6-1 所示的学生基本信息可以定义成如下结构体类型：

```
struct Student{
    int num;
    char name[20];
```

```
    char sex;
    int age;
    float score;
};
```

Student 是结构体类型名，该类型包含 5 个数据成员。结构体类型定义完毕时，闭花括号有一个分号。

在定义结构体类型时，成员不能初始化，也不能指定除 static 以外的存储类型。因为结构体是一种类型，不能存储数据，具体的数据应该存储在变量中。

6.1.2　结构体类型的变量

用户自定义的结构体类型和系统提供的基本数据类型具有同样的作用，可以用来定义变量。定义结构体类型时，系统并不分配内存空间，只有定义了结构体类型的变量，才为变量分配存储空间。

1. 结构体类型变量的定义

结构体类型的变量简称结构体变量，定义结构体变量的方法有以下 3 种。

(1) 先定义结构体类型，再用该类型名定义结构体变量。例如在定义了结构体类型 Student 后，用下列语句定义 Student 类型的变量 a1 和 a2：

```
Student a1,a2;
```

(2) 在定义结构体类型的同时定义结构体变量。例如：

```
struct Birthday{
    int month, day, year;
}b1,b2;                         //定义了结构体类型 Birthday，及该类型的变量 b1 和 b2
```

(3) 直接定义结构体类型变量。例如：

```
struct{
    int second;
    char sex;
}s1,s2;
```

该结构体没有定义类型名，s1 和 s2 是它的两个结构体类型的变量。

结构体类型的变量所占存储空间的大小是各个成员所占内存单元之和。例如，b1 是 Birthday 结构体类型的变量，它的数据成员分别为 month、day 和 year，在内存中分别占 4 个字节，所以系统为 b1 分配 12 个字节的内存空间。

另外，结构体类型的成员可以是另一个结构体类型的变量。例如：

```
struct S{
        int num;
        Birthday date;       //成员 date 是已经定义的结构体类型 Birthday 的变量
};
```

可以定义结构体类型的数组。例如：

```
Student s[10];       //定义了一个 Student 类型的数组 s，s 的 10 个元素都为结构体类型
```

结构体类型也可以含自身类型的指针成员，但不能含自身类型的普通成员。例如：

```
struct Node{
    long int num;
    float score;
    Node *next;              //next 是 Node 类型的指针变量
    Node m;                  //错误
};
```

2. 结构体类型变量的初始化

结构体变量同其他类型的变量一样，通常应先定义后使用，首次使用结构体变量时，结构体变量通常应该有一个确定的值。

在 C++语言中，可用以下方法对结构体变量进行初始化。

(1) 在定义变量的同时用数据列表初始化。例如：

```
struct STU{
    char sex;
    char name[20];
    float score;
}st1={'F',"LiNin",80.5};
```

变量 st1 的数据成员 sex 的值为字符‘F’，name 数组的值为字符串“LiNin”，score 的值为 80.5。即将初始化列表中的数据依次赋给对应的数据成员。

(2) 在定义结构体变量时，应用同类型变量进行初始化。例如：

```
STU st2=st1;
```

st1 是具有初始值的 STU 类型的变量，用相同类型的变量对 st2 进行初始化后，结构体变量 st2 各个数据成员的值与 st1 各个数据成员的值对应相同。

3. 结构体类型变量的引用

结构体变量作为一个整体，通常只能分别访问其成员。引用结构体变量数据成员的一般格式如下：

```
结构体变量名.成员名
```

“.”为成员运算符，用于指定该成员属于哪个结构体变量。例如，已经定义了结构体变量 st1，则 st1.score 表示 st1 变量的 score 成员，st1.name 表示 st1 变量的 name 成员。可以对变量 st1 的各个数据成员赋值。例如：

```
st1.sex='F';
strcpy(st1.name," LiNin");  //A 使用字符串处理函数对字符数组赋值
st1.score=80.5;
```

也可以用 cin 给 st1 的各个数据成员赋值，例如：

```
cin>>st1.sex>>st1.name>> st1.score;
//B
```

A 行不能写成 st1.name="LiNin"。因为数组不能整体赋值，但可以用 cin 进行整体输入(为

B 行所示)，因为 name 是特殊的字符数组。

引用结构体变量时，应遵守以下规则。

(1) 允许将一个结构体变量直接赋值给另一个相同类型的结构体变量。

(2) 除整体赋值外，通常不能将一个结构体变量作为一个整体引用，例如，下列输入/输出是错误的：

```
cin>>st1;                  //错误
cout<<st1;                 //错误
```

(3) 结构体变量的数据成员可以按照其类型参与运算。例如：

```
char a[20];
strcpy(a, st1.name);
st1.score++;
```

4. 指向结构体变量的指针变量

对于一个已经定义的结构体变量，编译程序会为它分配若干字节的存储空间，可以定义一个指针变量来存放该存储空间的首地址，即定义一个指针变量，指向一个结构体变量。例如：

```
STU st3={'M',"LiLan",85};
STU *p;
p=&st3;
```

通过指针变量间接引用结构体变量数据成员的一般格式如下：

```
(*指针变量). 成员名
```

或

```
指针变量->成员名
```

例如，(*p).score=95，p->score=95 等同于 st3.score=95，都是对结构体类型变量 st3 的成员 score 进行赋值的操作。

【例 6-1】 用指向结构体变量的指针变量引用结构体变量。

源程序代码

```
#include "iostream.h"
#include "string.h"
struct Stu{                    //声明结构体类型 Stu
    int num;
    char name[8];
    float score;
};
void main( )
{
    Stu stu_1;                 //定义 Stu 类型的变量 stu_1
    Stu *p;                    //p 是结构体 Stu 类型的指针变量
```

```
    p=&stu_1;                //将 stu_1 的首地址赋给 p,即 p 指向 stu_1
    stu_1.num=11401;
    strcpy(stu_1.name," LiNing");
    stu_1.score=79.5;
    cout<<"NO:"<<stu_1.num<<'\t'<<"name:"<<stu_1.name<<'\t'<<"Score:"
        stu_1.score<<endl;
    cout<<"NO:"<<(*p).num<<'\t'<<"name:"<<(*p).name<<'\t'<<"Score:"
        <<(*p).score<<endl ;
    cout<<"NO:"<<p->num<<'\t'<<"name:"<<p->name<<'\t'<<"Score:"
        p->score<<endl ;
}
```

程序运行结果

```
NO:11401    name: LiNing          Score:79.5
NO:11401    name: LiNing          Score:79.5
NO:11401    name: LiNing          Score:79.5
```

6.1.3　类型定义

C++程序设计语言中的数据类型非常丰富，但有些类型定义比较复杂，读起来也不直观。为此，C++语言提供了一种类型定义的方法，即用一个标识符来代替某种类型，以增加程序的可读性和可移植性。

类型定义不是定义一种新的数据类型，而是给已有的数据类型起一个新名称。类型定义的一般格式如下：

```
typedef 类型 标识符;
```

typedef 是关键字，类型可以是标准类型，如 int，float 等，也可以是用户自定义的类型，如结构体、指针等。例如，定义用 width 来代替整型的方法是：

```
typedef int width;              //A
width a,b;                      //B
```

A 行中标识符 width 是为 int 新起的名称，可以用来定义整型变量。B 行中的 a 和 b 是 width 类型的变量，即 int 类型变量。

同样可以定义一个新类型标识符来代替结构体类型。设有如下结构体类型定义：

```
struct Node{
    int num;
};
```

则用 typedef 定义新类型名 stu 的方法是：

```
typedef  Node stu;
```

用新类型名可定义变量。例如：

```
stu s1,s2;                      //等同于 Node s1,s2;
```

类型定义不同于结构体类型说明，类型定义的本质是对一个已存在的类型重新命名，并不是定义新的数据类型，也不能定义变量。

6.2 动 态 空 间

6.2.1 动态空间的分配

通常情况下，给变量分配内存空间时都是编译器根据变量的类型预先分配的，这种内存分配称为静态存储分配。但有些操作不能预先确定需要分配多少内存，只有在运行程序时，系统根据运行要求进行内存分配，这种内存分配方法称为动态存储分配。

在 C++程序中可以通过 new 运算符动态申请空间，new 的运算结果是动态申请空间的首地址。动态创建的内存空间本身没有名字，可通过指向该内存空间的指针来操作。

用 new 运算符动态申请空间的格式有以下 3 种。

(1)动态申请一个变量空间，其一般格式如下：

```
指针变量=new 数据类型;
```

动态空间分配不成功时，指针变量的值为 0；若空间申请成功，指针变量保存该空间的地址。数据类型可以是整型、字符型和结构体类型等，指针变量的类型必须与所分配动态内存的类型一致。例如：

```
int *pointer; pointer=new int;
```

(2)动态申请一个变量空间，并为其赋初始值，一般格式如下：

```
指针变量=new 数据类型(数值);
```

数据类型只能是基本数据类型，括号内的数值为所分配内存空间的初始化值。例如：

```
float * pointer;
pointer =new float(3.3);
```

(3)动态申请一维数组空间，其一般格式如下：

```
指针变量=new 数据类型[数组大小];
```

动态申请数组空间时，数组大小一般为整型，表示数组元素的个数，可以是变量；指针变量保存该空间的首地址。例如：

```
char *pointer; pointer=new char[10];
```

再如：

```
char *p1,*p2,*p3;
int *q1,*q2;
p1=new char;                    //A
p2=new char('a');               //B
p3=new char [10];               //C
q1=new int;                     //D
q2=new int(123);                //E
```

A 行动态申请了一个字符型内存空间，使 p1 指向它；C 行动态申请了 10 个元素的数组空间，使 p3 指向它；D 行动态申请了一个整型内存空间，并将空间的首地址赋给 q1；B 行和 E 行在动态申请空间的同时初始化。如需将空间中的值输出，则可以通过 p2 指针来间接操作。例如：

```
cout<<*p2;                          //输出结果为字符常量'a'
```

应该注意的是，为数组或结构体分配动态内存时通常不能对其赋初值。

6.2.2　动态空间的释放

在 C++语言中，如果一个程序非法访问了内存空间，可能会异常终止。对于不再使用的动态内存，应及时释放，以便系统能对该空间进行再次分配，从而合理使用内存资源。在 C++ 程序中用 new 分配的动态内存不会自动释放，必须用 delete 运算符释放。

delete 运算符释放动态内存的一般格式如下：

```
delete 指针变量;                     //释放单个变量空间
```

或

```
delete [ ]指针变量;                  //释放整个数组空间
```

或

```
delete  [数组大小]指针变量;          //释放确定大小的数组空间
```

如对 6.2.1 节的 A~E 行分配的动态内存，可采用如下语句释放内存空间：

```
delete p1 ;
delete p2 ;
delete [ ]p3 ;                      //或 delete [10]p3 ;
delete q1;
delete q2;
```

由于动态分配的内存只能通过指针变量来访问，所以保存动态内存首地址的指针变量只有在内存释放后，才可以移动。如果要改变程序中指向动态存储空间的指针变量的指向，必须先将动态内存的首地址保存下来，以便以后按此地址释放动态内存。

6.3　简 单 链 表

链表是一种重要的数据结构，与数组连续分配内存空间不同，链表使用内存是动态分配的。当用数组存放数据时，必须事先确定数组的长度。例如，如果用数组来处理不同班级的学生数据，数组要定义得足够大，以确保能存放学生数量最多的班级数据，这显然会造成不必要的空间资源的浪费。而链表采用动态内存空间，可以很好地解决内存浪费问题，并且执行插入、删除操作时不需要移动其他元素。

6.3.1　链表的概念

链表是指将若干数据项(结点)按一定的原则(前一个结点指向后一个结点)连接起来的有

序序列。

由于链表是通过前一个结点来找到后一个结点的，所以前一个结点中应保存后一个结点的地址信息。除了地址信息外，结点中还要保存所要处理的数据信息，如学生的C++成绩等，链表的结点都是同类型的结构体变量。

如果要处理的学生信息包含学号、成绩等信息，则链表结点的结构可以定义如下：

```
struct Node{
      long int num;
      float score;
      Node *next;
};
```

成员 num 表示学生的学号，成员 score 保存学生 C++成绩，next 成员存放后一个结点的内存地址。

由于链表的操作总是从第一个结点(首结点)逐个向后进行的，所以可以定义一个结构体类型的指针变量存放第一个结点的地址，该指针称为头指针。链表最后一个结点(称为尾结点)的 next 的值为空(NULL 或 0)，代表它不指向任何空间，即链表到此结束。

图 6-2 用一个矩形框表示链表的某一个结点。每个结点均为 Node 类型，有 3 个成员，用小的矩形来表示各个成员。如第一个结点学生的学号 num 的值为 1140301，C++成绩为 85.5 分。箭头表示指针变量指向哪个结点，如指针变量 head 是头指针，指向首结点。

在链表中，如果当前处理的结点是学号为 1140303 的结点，则学号为 1140302 的结点称为它的前驱结点，学号为 1140304 的结点称为其后继结点。

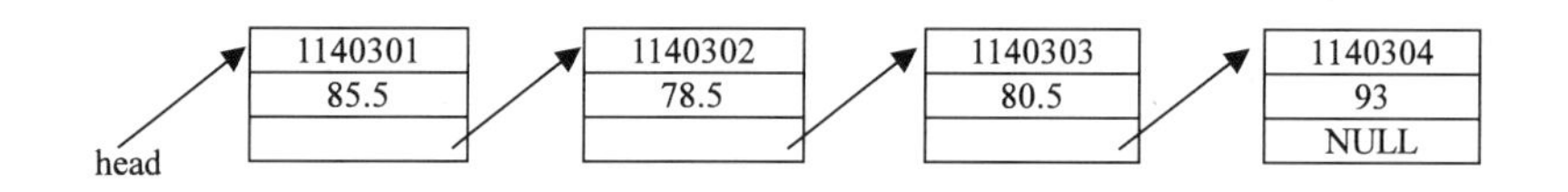

图 6-2　学生信息链表

6.3.2　链表的基本操作

链表的基本操作包括遍历一条链表，插入、删除链表中的其个结点等。

1. 结点后移

结点后移就是改变指向当前结点的指针变量的值，使其指向后继结点。图 6-3 中指针变量 p 指向学号为 1140302 的结点，如果让它后移指向学号为 1140303 的结点，应使用如下语句：

```
p=p->next;
```

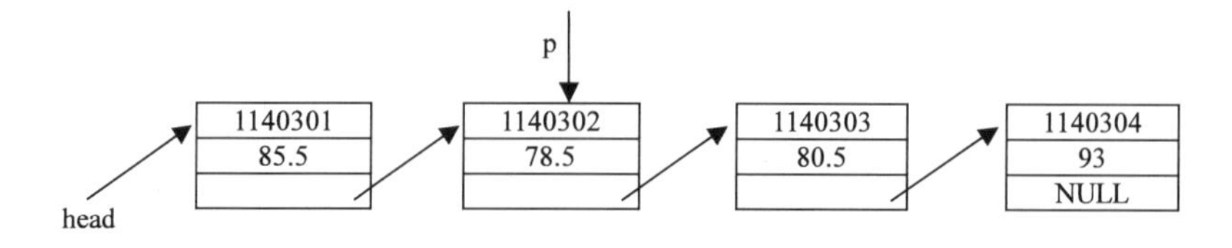

图 6-3　指针变量后移

2. 遍历链表

遍历链表是指逐个访问链表中的结点。首先使指针变量 p 指向首结点，然后指针变量 p 后移，一直移动到链表的尾结点。遍历链表可以用如下循环语句实现：

```
for(Node *p=head;p->next!=NULL;p=p->next);
```

上述循环结束后，p 指向尾结点，但尾结点不参与循环体的操作。若使尾结点也参与循环操作，则循环条件应改为 p!=0。

遍历时可以保持 p1 指向 p 的前驱结点，以便进行其他操作，此时遍历链表的循环语句如下：

```
Node *p1; for(Node *p=head;p->next!=NULL;p1=p,p=p->next);
```

3. 删除一个结点

若要删除指针变量 p 所指向的学号为 1140303 的结点，则应该将学号为 1140302 的结点的 next 指针指向学号为 1140304 的结点，即改变链表原来的连接关系，如图 6-4 所示，可使用如下语句：

```
p1->next=p->next; delete p;
```

或

```
p1->next=p1->next->next; delete p;
```

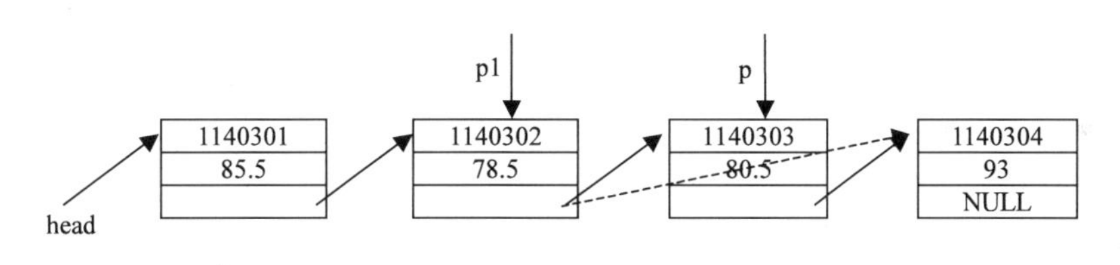

图 6-4　删除一个结点

4. 插入一个结点

要将一个结点插入一个已经建立的链表中，首先应定义一个指针变量指向要插入的结点，然后将该结点插入两个节点之间，见图 6-5，其实现语句如下：

```
Node *p=new Node;
p->num=1140303;
p->score=95;
p1->next=p; p->next=p2;                    //A
```

A 行的两个语句的作用与以下两个语句作用相同：

```
p->next=p1->next; p1->next=p;
```

如图 6-5 所示，该语句执行后，p1 所指向的节点与 p2 所指向的节点不再保持连接关系。

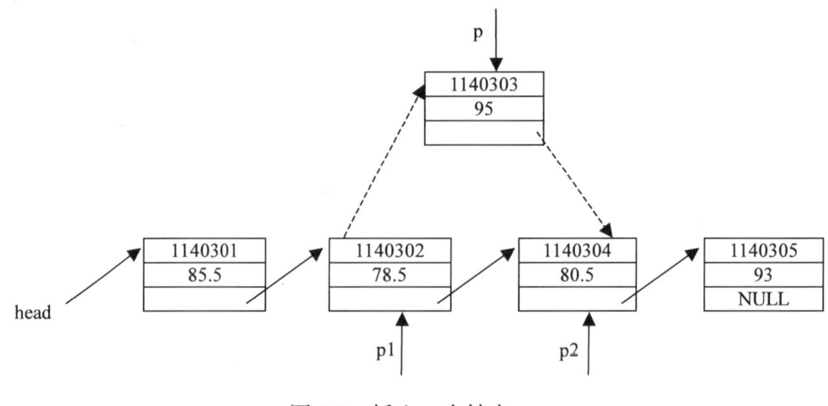

图 6-5　插入一个结点

6.3.3　链表的应用

链表的应用包括创建链表、输出链表、链表结点空间的释放、在链表中删除具有指定值的结点以及在链表中插入一个结点等。

1. 创建一条无序链表

链表的创建是指从无到有建立一条链表，其一般步骤如下。

(1) 动态申请内存空间建立各个结点，并对结点的成员赋值。

(2) 将各结点连接起来构成链表。

下面通过函数 create 来建立一条如图 6-2 所示的学生信息链表。

由于链表的头指针可以代表链表，通过头指针可以访问整个链表。因此 create 函数的返回值为所建立链表的头指针，类型为 Node *，即 create 函数的原型说明如下：

```
Node *create( );
```

【例 6-2】 编写函数建立一条单向链表，用来存储学生信息。

程序设计

(1) 定义变量 id 作为学号，并输入。

(2) 分配动态结点空间，将指针变量 p 指向该结点，读入一个学生的数据（包括学号和 C++成绩）并存储到该结点。

(3) 若原链表为空，则 p 既定首结点，也是尾结点，指向头结点的指针变量 head 和指向尾结点的指针变量 pend 都指向该结点；否则将 p 连接到 pend 后，并将 p 作为当前尾结点。

(4) 重新输入学号。

(5) 如果学号不为 0，则重复执行步骤 (2)~步骤 (4)。

(6) 循环结束（结点全部产生）后，给尾结点加上结束标记。

源程序代码

```
Node *create( )
{
    Node *head;                          //头指针
    Node *p, *pend;                      //pend 指向当前链表的尾结点
    int id;
```

```
    cout<<"请输入学号";
    cout<<"(学号为 0 表示结束输入):";
    cin>>id;
    head=0;
    while(id!=0){
        p=new Node;                    //p 指向新创建的结点
        p->num=id;
        cout<<"请输入 C++分数:";
        cin>>p->score;
        if(head==0){                   //空链表
            head=p;
            pend=p;
        }
        else{
            pend->next=p;              //将新产生的结点,即 p 所指向的结点连接到尾结点后
             pend=p;                   //p 为当前尾结点,pend 指向 p 所指向的结点
        }
        cout<<"请输入学号:";
        cin>>id;
        }
        if(head) pend->next=0;         //设置链尾标志
        return head;
}
```

2. 输出链表

当输出一条链表时，必须知道链表首结点的地址。链表首结点的地址由链表创建函数 create 带回，因此链表的输出函数 print 应有一个形参，为结构体 Node 类型的指针变量，用于接收实参传递的表头指针的值。print 函数不需要返回值，因此输出函数的原型说明如下：

```
void print(Node *head);
```

【例 6-3】设计一个函数用于输出链表上各结点的值。

程序设计

(1) 如果链表是空表，则直接返回，此时由 return 语句结束函数调用。

(2) 否则 p 指针指向首结点，并通过循环语句遍历链表，遍历过程中：

① 输出 p 所指向的结点的值。

② p 指向下一个结点。

③ 如果遍历循环的条件是链表中仍有结点，即 p!=0。

源程序代码

```
void print(Node *head)
{
    Node *p=head;
    if(p==0){ cout<<"链表为空!\n";  return;  }
    cout<<"链表上各个节点的值为:\n";
```

```
    while(p!=NULL){                    //A
        cout<<p->num<<'\t';
        cout<<p->score<<endl;
        p=p->next;
    }
    cout<<'\n';
}
```

程序分析

A 行的循环条件不能改为 head->next!=NULL，因为 print 函数的功能是输出链表上各结点的值，包括尾结点。若循环条件改为 head->next!=NULL，则尾结点的数据项不输出。

3. 释放链表

组成链表各结点的内存单元都是通过 new 运算符动态申请的，因此在对链表使用完毕后，需要用运算符 delete 释放动态申请的空间，以便对内存进行有效管理。

【例 6-4】释放链表的结点空间。

源程序代码

```
void release(Node *head)
{
    if(head==0){cout<<"链表为空!\n";  return;}
    Node *p;
    while(head){
        p=head;
        head=head->next;              //头指针不断后移,指向链表的各节点
        delete p;                     //释放 p 所指向节点的内存空间
    }
    cout<<"结点空间释放完毕!\n ";
}
```

4. 对链表结点的删除操作

删除链表中具有指定值的结点时，应考虑几种情况：链表是空表；要删除的是第一个结点；要删除的是中间结点；要删除的是尾结点；链表中找不到要删除的节点。

(1) 原链表是空表(无结点)。此时头指针 head 为 NULL，链表中无结点可以删除，函数返回 NULL 即可。

(2) 要删除的是首结点。此时原链表首结点的后继结点将作为新链表的首结点。定义一个指针变量 p2 指向原链表首结点，语句如下：

```
Node *p2=head;
```

头指针 head 后移指向原首结点的后继结点，即将第二个结点作为首结点，语句如下：

```
head=head->next;
```

然后释放原首结点的空间，语句如下：

```
delete p2;
```

其他情况应首先通过循环查找要删除的结点，然后再删除。

(3)若删除的是中间结点。设 p2 指向要删除的中间结点，p1 指向 p2 的前驱结点，删除方法如下：

```
p1→next=p2→next;
Delete p2;
```

(4)若删除的是尾结点。设指针变量 p1 指向原链表尾结点的前驱结点，p2 指向原链表尾结点，此时要使 p1 所指向的结点成为新的尾结点，然后再释放原尾结点所占的动态空间，语句如下：

```
p1->next=0;
delete p2;
```

对比(3)、(4)会发现，在 p2 所指向的结点是尾结点时，p2→next 为 0，即删除中间结点和尾结点的方法相同。

(5)原链表中找不到要删除的结点时，返回原链表的头指针即可。

【例 6-5】编写函数，删除链表上第一次出现指定值的一个结点。

程序设计

设计 Delete_one_Node 函数用于删除链表中具有指定值的结点。由于删除一个结点后，函数仍需要返回链表的头指针，故函数的返回值类型们为 Node 类型的指针。函数的参数可以有两个，一个参数用于接收原链表的头指针，另一个参数为删除条件，如用 data 表示要删除结点的学号。

源程序代码

```
Node *Delete_one_Node(Node *head,int data)
{
    Node *p1,*p2;
    if(head==NULL){                                   //第(1)种情况
        cout<<"无结点可删!\n ";  return NULL;
    }
    if(head->num==data){                              //第(2)种情况
        p2=head;
        head=head->next;
        delete p2;
    }
    else{
        p2=p1=head;
        while(p2->num!=data&&p2->next!=NULL){  //查找要删除的结点
            p1=p2;  p2=p2->next;  }
        if(p2->num==data)   {
            p1->next=p2->next;  delete p2;        //第(3)、(4)种情况
        }
        else cout<<"没有找到要删除的结点!\n";        //第(5)种情况
     }
    return head;
}
```

5. 对链表的插入操作

要在链表中插入一个结点，首先需生成要插入的结点，然后在链表中查找插入位置，最后实现插入操作。

如将一个结点插入已经按学号升序排列的链表中，使得插入新结点后链表依然有序。此时需要考虑几种情况：原链表是空表，则插入的结点既是首结点，也是尾结点；将新结点插入原链表的首结点之前；在两个结点之间插入结点；在链尾插入新结点。

(1) 原链表若是空表。此时头指针 head 的值为 NULL。将指针变量 p 指向的节点插入空表中，该结点既是首结点，也是尾结点，语句如下：

```
p->next=0;head=p;
```

(2) 插入的结点作为新链表的首结点。此时将原链表的首结点连接到 p 所指向结点的后面，语句如下：

```
p->next =head;
```

然后使头指针 head 指向 p 所指向的结点，语句如下：

```
head=p;
```

(3) 其他情况，首先要查找插入位置，其方法是首先查找插入位置，使指针变量 p1 和 p2 指向首节点，代码如下：

```
p1=p2=head;
```

若条件 p2->num<p->num (p 指向要插入的结点) 成立，继续查找下一个结点。查找过程中保持 p1 指向的结点是 p2 所指向的结点的前驱结点，语句如下：

```
p1=p2;p2=p2->next;
```

一直查找到链表的尾节点为止。

(3) 查找结束后，若 p2→num<p→num，则表示在链尾插入新结点，即把 p 连接到 p2 的后面，并使 p 成为尾结点，语句如下：

```
p2→next=p; p→next=0;
```

(4) 否则把 p 插入到 p1、p2 之间，语句为：

```
p1→next=p;  p→next=p2;
```

以上语句的顺序可以交换。

【例 6-6】 将一个结点插入有序链表中，使插入后的链表依旧按照学生学号升序排列。

程序设计

定义 Insert 函数实现对链表的插入节点操作，该函数的返回值类型为 Node 类型的指针，函数有两个参数，一个参数用于接收原链表的头指针，另一个参数指向要插入的节点。

源程序代码

```
Node *Insert(Node *head,Node *p)
{
    Node *p1,*p2;
    if(head==0){                        //第(1)种情况
```

```
        head=p;
        p->next=0;
        return head;
    }
    if(head->num>=p->num){              //第(2)种情况
        p->next=head;
        head=p;
        return head;
    }
    p2=p1=head;
    while(p2->next&&p2->num<p->num){
        p1=p2;p2=p2->next;              //p1 指向 p2 的前驱结点
    }
    if(p2->num<p->num){                 //第(3)种情况
        p2->next=p;
        p->next=0;
    }
    else{                               //第(4)种情况
        p->next=p2;
        p1->next=p;
    }
    return head;
}
```

6.4　程 序 举 例

【例 6-7】建立一条有序链表。链表的每个结点包括学号、姓名、年龄和 C++成绩等信息。定义 3 个函数，分别实现建立链表、输出链表、释放链表的操作。要求建立的链表按照成绩升序排序。

程序设计

建立一个无序链表时，每次新产生的结点都作为链表的尾结点，而建立一条有序链表时，要判断每个节点在链表中的插入位置。

当链表是空表时，产生的第一个结点就是首结点，头指针 h 指向它。其他情况，必须先查找插入的位置，然后根据查找结果分两种情况插入：

(1)把新产生的结点插入为链首；

(2)把新产生的结点插入到中间位置或链尾。

查找方法与例 6-6 相似，将新产生的结点插入 p1、p2 之间，不同的是本例题链尾参与查找过程。

查找结束后，若 p2=h，即 p 插入 p2(h)之前。将 p 插入链表中间位置与链尾的方法相同。

源程序代码

```
#include<iostream.h>
```

```
#define NULL 0
struct Node{
    int id,age;
    char name[10];
    float c;
    Node *next;
};
Node *Create(int n)
{
    Node *p,*p1,*p2,*h=NULL;
    int i=0;
    if(n<1) return NULL;
    while(i<n){
        p=new Node;
        cin>>p->id>>p->name>>p->age>>p->c;
        p->next=NULL;
        if(h==NULL) h=p;                //空表,将新产生的结点作为首结点
        else{                           //将其他结点插入链表
            p1=p2=h;
            while(p2&&p->c>=p2->c){     //查找插入位置
                p1=p2;  p2=p1->next;
            }
            if(p2==h){                  //新建立的结点插入链首
                p->next=p2;  h=p;
            }
            else{                       //新建立的结点插入中间或链尾
                p->next=p2;  p1->next=p;
            }
        }
        i++;
    }
    return h;
}
void print(Node *h)
{
    Node *p;
    p=h;
    while(p!=0){
        cout<<p->id<<'\t'<<p->name<<'\t'<<p->age<<'\t'<<p->c<<endl;
        p=p->next;
    }
    cout<<endl;
}
void deletechain(Node *h)
```

```
{
    Node *p;
    while(h){
        p=h;   h=h->next;   delete p;
    }
}
void main()
{
    int n;
    cout<<"请输入班级人数！"<<endl<<"班级人数为:";
     cin>>n;
    cout<<endl;
    cout<<"请输入班级学生信息！"<<endl;
    cout<<"学号 姓名 年龄 成绩"<<endl;
    Node *h;h=Create(n);
    cout<<"建立的链表为:"<<endl;
    cout<<endl<<"学号   姓名    年龄   成绩"<<endl;
    print(h);
    deletechain(h);
}
```

程序运行结果

```
请输入班级人数！
班级人数为:2
请输入班级学生信息！
学号 姓名 年龄 成绩
40301 liming  18  90
40302 lifeng  19   67
40303 wanghua  18  77
40304 keyang  19   80
建立的链表为:
学号   姓名   年龄   成绩
40302  lifeng    19   67
40303  wanghua  18  77
40304  keyang   19   80
40301  liming    18  90
```

【例 6-8】编写一个程序将一条链表按逆序排列，即将链头变成链尾，链尾变成链头。节点的数据结构如下：

```
struct Node{
       int data;
       Node *next;
};
```

程序设计

首先通过 create 函数建立一条单向链表，头指针 head 指向首结点。建立链表时，采用头插法，即将新产生的结点放到链首。然后通过 invent 函数将链表逆序。逆序后，原链表的首结点将作为新链表的尾结点，所以原链表的首结点的 next 域应该为 NULL。逆序时，通过指针变量 p 遍历链表，将每个结点取下来，插入链首。遍历过程中，指针变量 p 指向要处理的结点，指针变量 q 指向 p 所指向的结点的后继结点，语句如下：

```
q=p->next;
```

然后将当前要处理的结点(p 所指向的结点)插入链首，语句如下：

```
p->next=head;head=p;
```

再从指针变量 q 所指位置，即指针变量 p 指向 q 所指节点，重复以上过程，直处理到尾结点为止。

源程序代码

```
#include<iostream.h>
struct Node{
    int data;
    Node *next;
};
Node *create( )
{
    Node *head=0 ;              //头指针
    Node *p;
    int a;
    cout<<"请输入数据(为零表示结束输入):" ;
    cin>>a;
    while(a!=0){
        p=new Node ;
        p->data=a ;
        if(head==0){            //空表时新结点为首结点
            head=p ;
            head->next=0  ;
        }
        else {                  //将新结点插入链首
            p->next= head ;
            head =p ;
        }
        cout<<"请输入数据(为零表示结束输入):" ;
        cin>>a;
    }
    return  head ;
}
Node * invert(Node *head)
```

```
{
    Node *p,*q;
    p=head->next;
                                    //指针变量 p 指向第二个结点,
    if(p!=NULL){
        head->next=NULL;            //将原首结点作为新链表的尾结点
        do{                         //依次取出原链表中心结点,并插入新链表的链首
            q=p->next;
            p->next=head;
            head=p;
            p=q;
        }while(p!=NULL);
    }
    return head;
}
void print(Node *head)
{
    if(head==0){cout<<"链表为空!\n" ;  return ;}
    Node *p=head ;
    cout<<"链表上各个结点的值为:\n";
    while(p!=0){
        cout <<p-> data<<'\t' ;
        p=p->next ;
    }
}
void release(Node *head)
{
    if(head==0){cout<<"链表为空!\n" ;  return ;}
    Node *p ;
    while(head){
    p=head;
    head=head->next ;
    delete p;
    }
    cout<<"\n节点空间释放完毕!";
}
void main( )
{
    Node *head;
    head=create( );
    print(head);
    head=invert(head);
    cout<<"\n逆序后";
    print(head);
```

```
    release(head);
}
```

习　题

1. 已知 head 指针指向一条建立好的单向链表。链表中每个节点包含数据域(data)和指针域(next)。定义一个函数求链表中所有结点的数据域之和。

2. 设已建立了两条单向链表，链表中每个结点包含数据域和指针域，且两条链表的数据域已经按升序排列。编写一个函数将两个链表合并成一条链表，使得合并后新链表上的数据域仍然按升序排列，链表结点的结构如下：

```
struct Node{
    int data;
    Node *next;
};
```

3. 定义一个函数 int dele(Link *h, int x)，用于删去一条链表中所有值为 x 的结点，h 是链表的头指针，若删除成功返回 0，否则返回–1。链表的结点结构如下：

```
struct Link{
    int data;
    Link *next;
};
```

要求：设计函数 Link *find(Link *h, int x)用于在链表中查找值为 x 的结点，找到后返回一个指向 x 前驱的指针，否则返回空指针；在 dele 函数中调用 find 函数，查找要删除的结点。

4. n 个人围成一圈，他们的序号依次为 1~n，从第一个人开始顺序报数 1，2，3，…，m，报到 m 者退出圈子。接着再顺序报数，直到圈子中只留下一个人。用一条有 n 个结点的环形链表模拟围成一圈的人，找出最后留在圈中的人的原有序号。例如，假设 10 个人围成一圈，凡报到 5 者退出圈子，则退出圈子人的序号依次为 5，10，6，2，9，8，1，4，7，最后留在圈中的人是 3 号。单向环形链表的结构如图 6-6 所示。其中 head 指向第一个人，尾结点 p 的指针保存首结点的地址，圈中只剩一个人时，p->next==p。试编写一个程序完成该功能。

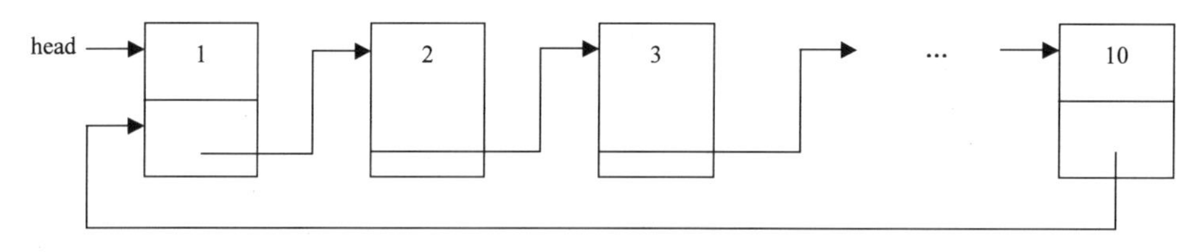

图 6-6　单向环形链表结构示意图

第7章 类和对象

类和对象是面向对象程序设计的基础。类具有封装性、继承性和多态性 3 个基本特征。本章主要从类的定义和使用方面阐述类的封装性。这里的封装有两层含义：①将数据和操作数据的函数封装成一个类；②类可以为其成员指定访问权限，以实现其必要的信息隐藏，即在类的外部不能随意访问类的私有成员或保护成员，由类提供公共接口实现外部通信。

7.1 面向对象的程序设计

面向对象的程序设计方法就是用类抽象地描述所需解决的问题模型，用对象来代表所要解决的具体问题。类是一个抽象的概念，而该类的对象是这一概念下的实例。面向对象的程序设计方法和面向过程的程序设计方法有着本质的区别。

【例 7-1】计算直角三角形的面积。

程序设计

根据三角形的性质，三角形的 3 条边长决定了一个特定的三角形。根据题意，将代表三角形特征的边长与关注的求面积功能抽象出来：程序中用 3 个变量来代表三角形的 3 条边，并且设计相应的函数，根据三角形的边长求其面积。下面分别用面向过程的方法和面向对象的方法实现本题所要求的功能。

面向过程的程序设计方法的源程序代码

```
#include<iostream.h>
#include <math.h>
int a, b, c;
void swap(int &t1, int &t2)
{
    int t=t1;
    t1=t2;
    t2=t;
}
void Set(int a1, int b1, int c1)
{
    a=a1;
    b=b1;
    c=c1;
    if(a<b)
        swap(a,b);
    if(a<c)
        swap(a,c);
```

```
    if(a*a!=b*b+c*c){
        cout<<"不能构成直角三角形,以下面积计算错误! \n";
    }
}
void ShowArea( )
{
    double s=b*c/2.0;
    cout<<"三角形的边长:"<<a<<", "<<b<<", "<<c<<endl;
    cout<<"三角形的面积:"<<s<<endl;
}
void main()
{
    Set(3,4,5);
    ShowArea( );
    c=7;                                    //A
    ShowArea( );
}
```

程序运行结果

```
三角形的边长:5, 3, 4
三角形的面积:6
三角形的边长:5, 3, 7
三角形的面积:10.5
```

面向对象的程序设计方法的源程序代码

```
#include<iostream.h>
#include <math.h>
class TRI{
    int a, b, c;
public:
    void Set(int a1, int b1, int c1)
    {
        a=a1;
        b=b1;
        c=c1;
        if(a<b)
            swap(a,b);
        if(a<c)
            swap(a,c);
        cout<<"三角形的边长:"<<a<<", "<<b<<", "<<c<<endl;
        if(a*a!=b*b+c*c){
            cout<<"不能构成直角三角形,以下面积计算错误! \n";
        }
    }
```

```
    void swap(int &t1, int &t2)
    {
        int t=t1;
        t1=t2;
        t2=t;
    }
    void ShowArea( )
    {
        double s=b*c/2.0;
        cout<<"三角形的面积:"<<s<<endl;
        }
    };
void main( )
{
    TRI t1;
    t1.Set(3,4,5);
    t1.ShowArea();
    t1.Set(3,4,7);
    t1.ShowArea();
}
```

程序运行结果

```
三角形的边长:5, 3, 4
三角形的面积:6
三角形的边长:7, 3, 4
不能构成直角三角形,以下面积计算错误!
三角形的面积:6
```

上述两个程序中的 Set 函数均用于对三角形的边长进行初始化。为了保证所设定的三角形是直角三角形，程序中先将最大边交换为三角形的 a 边，然后根据勾股定理判定三条边是否能构成直角三角形，如果不能构成直角三角形，则给出提示信息。

面向过程的程序中用一组全局变量代表三角形的 3 条边，该组变量可以不通过 Set 函数而直接修改。如果修改了其中某个变量的值而没有考虑各变量之间的关系，则程序可能会得到不正确的结果。例如，面向过程的程序中 A 行直接修改了三角形的某一个边长，从而导致以变量 a、b、c 为边长的三角形不能构成直角三角形，最终计算出错误的三角形面积。为了避免此类问题的出现，面向对象的程序中将三角形的属性(边长)以及使用和操作这些属性的函数定义成一个类 TRI。由于类中的成员具有特定的访问限制，所以面向对象的程序中要修改三角形的边长时必须通过 Set 函数进行操作，而该函数中会对设定的值进行合法性检查，从而保证了数据的安全性。

在面向对象的程序中，对三角形的每一个操作，都是特定三角形下的一个事件，通过对这些事件的访问完成程序的功能。面向对象的程序设计的关键是三角形类的定义以及该类对象的使用。

7.2　类与对象

类是对某一类现实问题的抽象描述。例如，三角形是一个概念，如果只关心三角形的 3 条边和面积，则可以定义一个类，该类中用 3 个数据描述三角形的 3 条边，用一个函数根据三角形的边长计算其面积。当然，三角形还有其他诸如周长、内角等信息，只是这些信息暂时不被关注，所以在类的定义中不加以描述。这样定义的类在所关心的问题下适用于所有三角形。若要表示某一具体的三角形，还需要定义该类的变量，并对该变量赋值后才能代表具体的三角形。这里的变量称为对象。例如，边长分别为 3，4，5 的三角形就是一个对象。

7.2.1　类

类的组成类似于结构体，但类更强调数据的封装性，以保证数据的安全。体现封装性的方法是将类成员的访问特性设计为私有的。具有私有访问特性的类成员在类外只能通过类的公有成员函数或友元函数间接访问。

定义类的一般格式如下：

```
class 类名{
public:
    公有成员列表;
protected:
    保护成员列表;
private:
    私有成员列表;
};
```

class 是类定义的关键字，类名是一个标识符，类名后花括号中的内容为类体，类体中描述类的成员，包括数据成员和成员函数。

类体中的关键字 public、protected、private 分别用来说明其后列表中成员的访问特性，即这些成员的访问权限。关键字 public 后列出的成员具有公有的访问特性；关键字 protected 后列出的成员具有保护的访问特性；关键字 private 后列出的成员具有私有的访问特性，为缺省访问特性关键字，即未列出访问特性时，成员具有私有访问特性。例如：

```
class A{
    int a, b;
protected:
    int c;
public:
    void set(int m, int n){
        a=m;
        b=n;
        c=m+n;
    }
    void print( ){cout<<a<<'\t'<<b<<'\t'<<c<<endl;}
};
```

在类A的定义中，由于类的缺省访问特性为私有的，数据成员a和b具有私有的访问特性。用protected关键字限定的数据成员c的访问特性是受保护的。从关键字public开始，定义的两个函数set 和print均具有公有的访问特性。定义类时，最后的分号不可省略。

定义类时应该注意以下几点。

(1)在类定义中，public、protected、private这3个关键字出现的顺序和次数均没有限制，但通常情况下相同访问特性的成员相对集中，以提交程序的可读性。

(2)对于一个具体类的定义，不一定3种访问特性的成员都齐全。一般情况下，类的数据成员定义为私有访问特性，成员函数定义为公有访问特性。保护访问的成员在与继承和派生相关的类中才使用。例如，如果类A不用于生成派生类，则类A的定义中，数据成员c也可以说明为私有的访问特性。

(3)通常将私有的数据成员说明为类的第一部分，使其具备缺省的私有访问特性。如类A的数据成员a和b就具有缺省的私有访问特性。

(4)不能用关键字auto、register、extern将类成员说明为自动类型、寄存器类型或外部类型。可以用关键字 static 将数据成员说明为静态类型的，其意义为该成员属于类的所有对象所共有。

(5)不能在类的定义过程中给成员赋初值。类是一种扩展的数据类型，除类的静态数据成员以外，类本身并不保存数据，只有类的对象才能保存数据。例如：

```
class AA{
    int a=20;                    //错误,不能在类的定义过程中给其成员赋值
public:
    void set(int a);
    void print( );
};
```

(6)在类体内定义的成员函数具有内联特性。在类体内直接定义成员函数的情况一般适用于较简单的函数。如果成员函数的规模较大，建议在类体外定义其函数体，但在类体内必须先对相应的成员函数作原型说明。同时，在类体外定义相应函数时应使用作用域运算符表明该函数是类的成员。

类体内说明成员函数的一般格式如下：

```
函数类型 成员函数名(形参列表);
```

类体外定义成员函数的一般格式如下：

```
函数类型 类名:: 成员函数名(形参列表)
{
    函数体
}
```

例如，可以使用下列形式重新定义类A。

```
class A{
    int a, b;
protected:
    int c;
```

```
public:
    int d;
    void set(int, int, int);                              //函数原型说明
    void print( );                                        //函数原型说明
};
void A::set(int m, int n, int k)                          //A
{
    a=m;
    b=n;
    c=m+n;
    d=k;
}
void A::print( ){cout<<a<<'\t'<<b<<'\t'<<c<<'\t'<<d<< endl; }  //B
```

上述代码中，A 行和 B 行函数名前的“A::”不可省略。在相应的函数名前加前缀“A::”表明该函数是类 A 的成员函数。

(7)类成员的作用范围为类作用域。类作用域为整个类体，即从类定义开始的花括号“{”开始，直至类定义结束时的花括号“}”结束。类成员的作用域与变量的块作用域稍有不同：块作用域中的变量，其作用范围是块中变量定义之后的区域；而类成员在类作用域(类体)中是随处可用的。

7.2.2 对象

对象是类概念下的实例。类是对某一类问题的通用的、抽象的描述，只有对象才能表示具体的问题。类与对象的关系类似于数据类型与变量的关系。

1. 对象的定义与使用

只有定义了类之后，才可以以类为模板声明该类的对象。定义对象的语句格式类似于普通变量的定义，只是定义对象时用类名取代了相应的数据类型关键字。定义对象的一般格式如下：

```
类名  对象名 1,对象名 2,…,对象名 n;
```

例如，对于 7.2.1 节定义的类 A，下面的语句分别定义了该类对象 a1、a2 和 a3，这 3 个对象均具有由类 A 定义时所描述的相同的结构，具体定义方法如下：

```
A a1;
A a2, a3;
```

定义对象后，可以通过对象名和成员运算符“.”来使用类的成员。在类体外访问类的非静态成员时，要指明该成员隶属于哪一个对象，即要通过对象来使用类的成员。通过对象名访问其数据成员的格式如下：

```
对象名. 成员名
```

访问成员函数的格式如下：

```
对象名. 成员函数名(实参列表)
```

例如，可以通过已定义的对象 a1、a2 和 a3 来访问类 A 的公有成员：

```
a1.set(1,2, 0);              //A
a2.set(0,0, 0);              //B
a3.set(5,5, 0);              //C
a1.d=10;                     //D
a1.print( );                 //E
a2.print( );                 //F
a3.print( );                 //G
```

访问类的成员函数时，必须按要求提供相应的实参。如果访问的成员函数没有参数，则其后的小括号不可以省略。例如，上述语句序列中D行访问的是数据成员，E行访问的是成员函数，注意区分其成员名后有无括号。

一个类可以定义多个对象，不同对象的成员值通常是相互独立的。上述语句序列中，A、B、C、D行分别通过对象设定了其各自数据成员的值。E、F、G行语句执行后的输出结果如下：

```
1       2       3       10
0       0       0       0
5       5       10      0
```

2. 对象的指针及引用

对于一个已定义的类，可以定义指向该类对象的指针，也可以定义该类的动态对象和对象的引用，其定义方法与基本类型的变量定义相似，只是将基本类型的关键字换成类名。

【例7-2】对象的指针及引用示例。

源程序代码

```
#include<iostream.h>
class B{
    int a, b;
public:
    void set(int t1, int t2){a=t1;  b=t2;}
    void print( ){cout<<a<<'\t'<<b<<endl;}
};
void main( )
{
    B b1;
    B &b2=b1;                //定义对象b1的引用b2
    B *pb;                   //定义指向类B的对象的指针pb
    b1.set(5,10);            //A
    b1.print( );             //B
    b2.print( );             //C
    pb=new B;                //pb指向生成的类B的动态对象
    pb->set(20,40);          //D
    (*pb).print( );          //E
    delete pb;               //释放动态对象
}
```

程序分析

程序中 A 行通过公有成员函数设定了对象 b1 的数据成员的值，由于对象 b2 是对象 b1 的引用，所以 B 行和 C 行的输出结果相同。D 行通过指针 pb 来使用其所指动态对象的成员。通过指针间接引用对象的成员时，可以用 D 行的指针形式，也可以用 E 行的成员运算符形式。

程序运行结果

```
5       10
5       10
20      40
```

3. 对象的赋值

对于基本类型的变量，变量之间可以相互赋值，如果相互赋值的两个变量类型不同，则会产生数据类型的自动转换。类的对象之间也可以相互赋值，但这种赋值通常只限于同一个类的对象之间，并且成员未使用动态内存。对象之间赋值时，系统将对象的所有数据成员逐个进行复制。

【例 7-3】对象之间的赋值示例一。

源程序代码

```
#include<iostream.h>
class C{
    int a, b, c;
public:
void set(int t1, int t2, int t3){a=t1;b=t2;c=t3;}
    void print( ){cout<<a<<'\t'<<b<<'\t'<<c<<endl;}
};
void main( )
{
    C c1, c2;
    c1.set(1,2,3);
    c2.set(0,0,0);
    cout<<"赋值前:\n";
    c1.print( );
    c2.print( );
    c2=c1;                          //A
    cout<<"赋值后:\n";
    c1.print( );
    c2.print( );
}
```

程序分析

A 行语句的功能是将对象 c1 的数据成员 c1.a、c1.b 和 c1.c 分别赋值给对象 c2 的相应成员 c2.a、c2.b 和 c2.c。

程序运行结果

赋值前:

```
1       2       3
0       0       0
赋值后:
1       2       3
1       2       3
```

如果两个对象不是由同一个类定义的，即使其数据成员组成相同也不可以相互赋值。例如，下列程序中类D和类E的对象之间就不可以相互赋值。

【例7-4】对象之间的赋值示例二。

源程序代码

```
#include<iostream.h>
class D{
    int a, b, c;
public:
    void set(int t1, int t2, int t3){a=t1; b=t2;   c=t3;}
};
class E{
    int a, b, c;
public:
    void set(int t1, int t2, int t3){a=t1; b=t2; c=t3;}
};
void main( )
{
      D d1;
      E e1;
      d1.set(1,2,3);
      e1.set(0,0,0);
      e1=d1;                          //错误,e1 和 d1 不是相同类型的对象
}
```

同一个类的对象之间的赋值是通过系统自动生成的赋值运算符重载函数完成的。当类中存在指针成员，并且该指针成员指向动态内存时，如果仍需要实现对象间的赋值，在定义类时应当为类重新定义赋值运算符重载函数。

7.2.3 类成员的访问控制

类体中成员之间可以相互直接访问。类体外可直接访问类的公有成员；类的私有成员，不可以在类体外直接访问，在类体外只能通过类的公有成员函数间接访问；保护成员的访问特性类似于私有特性，但可以在该类的派生类中直接访问。派生类的概念将在第8章介绍。

【例7-5】定义一个复数类，在主函数中实现复数的相加运算。

源程序代码

```
#include<iostream.h>
#include<math.h>
class F{
```

```
    int a, b;
public:
    void set(int t1, int t2){a=t1; b=t2;}
    void print( )
    {
        char op=(b>=0 ? '+' : '-');          //根据虚部b的值决定其正负号
        cout<<a<<op<<abs(b)<<"i"<<endl;      //字符"i"为复数的虚部标记
    }
    int geta( ) {return a;}
    int getb( ) {return b;}
};
void main( )
{
    F f1, f2, f3;
    f1.set(1,2);                             //A
    f1.print( );                             //B
    f2.set(3,-4);                            //C
    f2.print( );                             //D
    int a1, b1;
    a1=f1.geta( )+f2.geta( );                //E
    b1=f1.getb( )+f2.getb( );                //F
    f3.set(a1,b1);                           //G
    f3.print( );                             //H
}
```

程序分析

程序中类F的所有成员函数均定义为公有函数，所以在类体外(主函数中)，如A~H行均可以通过对象直接调用这些函数。类F的数据成员a和b的访问特性是私有的，所以不能在类体外直接使用。例如，E行与F行要计算对象(复数)f1与f2的和时，不能直接使用对象f1与f2的数据成员，即不能使用如下语句计算：

```
a1=f1.a+f2.a;
b1=f1.b+f2.b;
```

程序运行结果

```
1+2i
3-4i
4-2i
```

7.3　构造函数与析构函数

类是一种用户自定义的类型，其结构多种多样。当根据已定义的类声明一个对象时，系统需要根据其所属类的结构分配相应的内存空间。系统在为对象分配内存空间时，也可以同时对该对象的数据成员赋值，即进行对象的初始化。当特定的对象使用结束时，系统还需要做相应的清理内存。类的构造函数和析构函数分别完成这两项工作。

7.3.1　构造函数

构造函数是类中与类同名的一组特殊的成员函数。当定义该类的对象时，系统自动调用相应的构造函数，从而实现对所定义对象的初始化。例如，将例 7-5 程序中复数类 F 的成员函数 set 更名为函数 F，则在主函数中定义对象时可以直接提供其成员的初始化数据，代码如下：

```
#include<iostream.h>
#include<math.h>
class F{
    int a, b;
public:
    F(int t1, int t2)   {a=t1;b=t2;}                //构造函数
    void print( )
    {
        char op=(b>=0 ? '+' : '-');                 //根据虚部 b 的值决定其正负号
        cout<<a<<op<<abs(b)<<"i"<<endl;             //字符"i"为复数的虚部标记
    }
    int geta( ) {return a;}
    int getb( ) {return b;}
};
void main( )
{
    F f1(1,2), f2(3,-4);                            //A
    f1.print( );                                    //B
    f2.print( );                                    //D
    int a1, b1;
    a1=f1.geta( )+f2.geta( );                       //E
    b1=f1.getb( )+f2.getb( );                       //F
    F f3(a1,b1);                                    //G
    f3.print( );                                    //H
}
```

本程序与例 7-5 程序的区别在于：例 7-5 中的 set 函数是一个普通成员函数，只有列出其调用语句才能被调用；而本程序中的构造函数是一个特殊的成员函数，系统在执行 A 行的对象说明语句产生对象时，自动调用该构造函数。

程序中类名为 F，其构造函数名也为 F。类 F 的对象 f1、f2 和 f3 的初始化过程是系统自动调用其构造函数完成的，所以在主函数中没有专门的构造函数的调用语句，只是在定义相应对象时才提供初始化数据(程序中的 A 行和 G 行)。系统在生成对象时将初始化的数据提供给构造函数使用，因而在定义对象时提供的初始化数据列表应与构造函数形参的个数、类型及顺序相对应。

类的构造函数对数据成员的初始化可以在函数体内实现，也可以通过数据成员列表的方

式实现。例如，上例中的构造函数可以写成如下形式：

```
F(int t1, int t2): a(t1), b(t2){}
```

关于构造函数的定义和使用，需要注意以下几点。

(1) 构造函数是类的成员函数，并且与类同名。在类中与类同名的成员函数一定是类的构造函数。

(2) 构造函数没有函数类型，前面也不能加 void。在 C++语言中，虽然在定义普通函数时系统默认该函数为 int 类型，此时函数中必须有 return 语句返回函数值；但构造函数是类的特殊成员函数，定义时函数名前没有返回值类型，函数体中也不能使用 return 语句返回函数值。

(3) 一般应将构造函数说明为公有访问特性。

(4) 一个类可以有多个构造函数，但必须满足函数重载的原则。

(5) 构造函数可以在类体内定义，也可以在类体外定义。在类体内定义构造函数的一般格式如下：

```
类名(形参列表)
{
    函数体
}
```

在类体外定义构造函数时，必须先在类体内进行相应的构造函数原型说明，然后在类体外定义符合该原型说明的构造函数。在类体内进行构造函数原型说明的一般格式如下：

```
类名(形参类型列表);
```

在类体外定义构造函数的一般格式如下：

```
类名::类名(形参列表)
{
    函数体
}
```

(6) 创建对象时，系统会根据实参来自动调用某个构造函数。定义对象的一般格式如下：

```
类名 对象名1(实参列表),对象名2(实参列表),…,对象名n(实参列表);
```

各对象名后提供的实参列表应与相应的构造函数的形参列表在参数的个数、类型及顺序上匹配。定义每个对象时必须有一个构造函数，且只能有唯一的一个构造函数与其对应。

7.3.2 析构函数

析构函数也是类的一种特殊成员函数，它执行与构造函数相反的操作，用于撤销对象时的清理工作，如释放分配给对象的内存空间等。

与构造函数一样，析构函数也是由系统自动调用的，其函数名是类名前加符号~。析构函数同样没有返回值类型，同时没有参数，因而不能重载。

析构函数可以在类体内定义，也可以在类体外定义。在类体内定义析构函数的一般格式如下：

```
~类名( ){
    函数体
}
```

在类体外定义析构函数时，必须先在类体内对其进行原型说明，然后在类体外定义析构函数。在类体内进行析构函数原型说明的一般格式如下：

```
~类名( );
```

在类体外定义析构函数的一般格式如下：

```
类名:: ~类名(){
    函数体
  }
```

与构造函数相类似，析构函数可以由用户定义，也可以由系统自动生成。如果用户没有为类定义析构函数，则系统为类生成一个缺省的析构函数，该缺省的析构函数是空函数，即函数体中没有语句。当用户定义了析构函数时，系统不再生成缺省的析构函数。

【例 7-6】析构函数的使用。

源程序代码

```
#include<iostream.h>
#include<string.h>
class G{
        char *s;
public:
        G(char *p)
        {
            int n=strlen(p);
            s=new char[n+1];
            strcpy(s,p);
            cout<<"调用了构造函数\n";
        }
        ~G( )
        {
            cout<<"调用了析构函数\n";
            delete [ ]s;
        }
        void print( ){cout<<s<<endl;}
};
void main( )
{
        G g1("C++ Program.");
        g1.print( );
}
```

程序分析

主函数中定义对象 g1 时申请了动态内存，动态内存必须由用户主动释放对象 g1 再结束其生存期，即退出主函数前被撤销，此时系统自动调用其析构函数释放相应的动态内存。如果程序中不定义析构函数，系统将会自动生成以下缺省的析构函数：

```
~G( ){}
```

该析构函数中没有功能语句，当程序撤销对象 g1 时，并不能释放其构造函数中申请的动态内存，即系统没能完全释放 g1 的内存空间。

程序运行结果

```
调用了构造函数
C++ Program.
调用了析构函数
```

7.3.3　缺省构造函数

每个类都有构造函数，如果用户没有给类定义构造函数，则编译系统自动生成一个缺省的构造函数。该缺省的构造函数没有参数，其函数体内也没有语句，它仅用来生成对象而不初始化对象。只要用户在定义类时定义了构造函数，编译系统就不再为类生成缺省的构造函数。例如，设类 H 和类 I 的定义如下：

```
class H{
    int a, b;
};
class I{
    int a, b;
public:
    I(int t1, int t2){a=t1;b=t2;}
};
```

系统编译时给类 H 增加一个公有的构造函数：

```
H( ){}
```

由于该构造函数内部没有功能语句，所以不能初始化对象的成员。如果以下列方式定义类 H 的对象：

```
H h1;
```

则对象 h1 的数据成员不确定。

由于类 I 定义时提供了一个构造函数，所以编译系统不再为类 I 提供缺省的构造函数。此时如果以下列方式定义类 I 的对象：

```
I i1;                        //错误
I i2(1,2);
```

则定义对象 i1 时报错，因为定义 i1 时没有提供参数，而类 I 的构造函数有两个参数，所以系统在自动调用其构造函数时因缺少相应的参数而出错。对象 i2 能正确定义，且其成员 i2.a 和 i2.b 的值分别为 1 和 2。

注意，如果类中含有没有参数的缺省构造函数，在不提供参数定义对象时不能写出括号。例如，对于上述类 H 的对象 h1，不能以下列形式定义：

```
H h1( );                         //错误
```

此时系统将该语句解释成一个函数的原型说明语句，其函数名为h1，该函数没有参数，返回值为类H的对象。

当定义的构造函数没有参数，或者虽然有参数，但每个参数均具有缺省值时，该构造函数也属于缺省的构造函数。类可以有多个构造函数，但最多只能有一个缺省的构造函数。当然，类也可能没有缺省的构造函数。

【例7-7】带有参数的缺省构造函数示例。

源程序代码

```
#include<iostream.h>
class J{
    int a, b;
public:
    J(int t1=0, int t2=0)
    {  a=t1; b=t2;    }
    void print( )
    {  cout<<a<<'\t'<<b<<endl;  }
};
void main( )
{
    J j1, j2(1,2);
    j1.print( );
    j2.print( );
}
```

程序分析

对象j1通过构造函数的缺省参数初始化，对象j2通过主函数中提供的参数初始化。

程序运行结果

```
0       0
1       2
```

7.3.4 拷贝构造函数

构造函数用于建立对象时根据所提供的参数初始化新建立的对象。C++语言中还允许用一个已存在的对象初始化一个新建立的同类对象，这种以对象作为参数的构造函数称为拷贝构造函数。

类的拷贝构造函数可以由用户定义，也可以由系统自动生成。当用户没有为类定义拷贝构造函数时，系统自动生成一个缺省的拷贝构造函数，该缺省的拷贝构造函数的功能是将提供初始数据的对象的数据成员值依次复制到新定义的对象中。当然，用户也可以根据实际需要定义拷贝构造函数。当用户定义了拷贝构造函数时，系统就不再自动生成缺省的拷贝构造函数。

类体中用户定义拷贝构造函数的一般格式如下：

```
类名(类名 &对象名){
```

```
    函数体
}
```

函数的参数为自身类对象的引用，这里使用引用类型的参数，是为了避免函数调用时对象的值传递。因为如果类的数据成员使用了动态内存，在没有进行赋值运算符重载的情况下，会导致函数的形参对象和实参对象使用同一动态内存而出错。

使用拷贝构造函数定义新对象的一般格式如下：

```
类名 新对象名(被复制对象名);
```

或

```
类名 新对象名= 被复制对象名;
```

【例 7-8】实现复制功能的构造函数示例。

源程序代码

```
#include<iostream.h>
#include<string.h>
class K{
    char *s;
public:
    K(char *p)
{
        int n=strlen(p);
        s=new char[n+1];
        strcpy(s,p);
    }
    K(K &t)
    {
        int n=strlen(t.s);
        s=new char[n+1];                //A
        strcpy(s, t.s);
    }
    ~K( ){delete [ ]s;}
    void print( ){cout<<s<<endl;}
};
void main( )
{
    K k1("C++ Program.");
    k1.print( );
    K k2(k1);                           //B
    k2.print( );
}
```

程序分析

程序中为类 K 定义了两个构造函数，其中 K(K &t)是拷贝构造函数。如果定义类 K 时不定义该拷贝构造函数，则系统会自动生成如下拷贝构造函数：

```
K(K &t){s=t.s;}
```

其结果是主函数中B行生成类K的对象k2时，新生成的对象k2的指针成员与形参对象t的指针成员指向同一块内存，程序结束时对象k2和k1的析构函数释放同一内存空间，从而导致内存空间的引用错误。本例中设计的拷贝构造函数避免了这一错误的出现。在定义类K的拷贝构造函数时，A行语句根据需要复制的数据(参数对象t的指针成员所指向的字符串)申请了相应的动态内存。

程序运行结果

```
C++ Program.
C++ Program.
```

7.3.5 构造函数与成员初始化列表

类的成员既可以是基本类型的数据，也可以是构造类型的数据。当类的成员是引用类型、常量或对象时，不能在构造函数体中用赋值语句对其直接赋值，而应在构造函数头部以成员列表的形式初始化。

【例 7-9】成员初始化列表的使用示例。

源程序代码

```
#include<iostream.h>
class M{
    int a;
public:
    M(int t){a=t;}
    int geta( ) {return a;}
};
class N{
    int a, b, &c;
    M m1;
public:
    N(int t): m1(++t), a(++t), c(a){b=2*t;}      //A
    void print( )
    {
        cout<<"当前对象的数据成员:\n";
        cout<<"m1.a = "<<m1.geta( )<<endl;      //m1.a 为私有成员,不可直接访问
        cout<<"a = "<<a<<endl;
        cout<<"b = "<<b<<endl;
        cout<<"c = "<<c<<endl;
    }
};
void main( )
{
    N n1(1);
    n1.print( );
```

```
}
```

程序分析

程序中类 N 有整型成员 a、b，引用型成员 c，以及类 M 的对象成员 m1。m1 的成员 a 为私有的，不可以对其进行直接赋值，只能以列表形式通过对象名 m1 调用其构造函数来初始化(A 行)。另外，类的普通数据成员也可以在列表中初始化，如类 N 的成员 a 在列表中初始化，而成员 b 在构造函数体中直接赋值初始化。

对类 N 的引用型数据成员 c 对类 N 的引用型数据成员 c，正常情况下，由于类定义时还没有产生对象，因而也没有生成被引用的成员变量 a，只有在定义对象时由构造函数对其进行初始化，其初始化方法也只能用如 A 行所示的构造函数的列表形式，而不可以像普通数据成员 b 那样在构造函数体中通过赋值的形式初始化。

常量型成员的初始化形式与引用型成员类似，具体参见 7.6 小节。

需要特别注意的是，构造函数的成员初始化列表只是提供了相应成员的初始化形式和数据，并不能决定成员的初始化顺序。列表中成员的初始化顺序由类定义时成员的说明顺序决定。当列表中的成员初始化完成后，再执行构造函数体中的语句对其他成员进行初始化。本例中主函数定义对象 n1 时，首先是构造函数的参数 t 获得数值 1，然后根据类 N 定义时的成员说明顺序，以及列表中的说明形式，即参数取值情况，按如下顺序初始化。

(1)初始化成员 a，t 自增为 2，a 取值为 2。

(2)初始化成员 m1，t 自增为 3，m1.a 取值为 3。

(3)执行构造函数体，成员 b 取值为 2×t=6。

程序运行结果

```
当前对象的数据成员:
m1.a = 3
a = 2
b = 6
c = 2
```

7.4 this 指 针

对象的非静态数据成员或成员函数的使用，一般是用成员运算符(或指针成员运算符)指定该成员所属的对象，即同一个类的两个对象的非静态数据成员相互独立。然而，在类的成员函数中使用某个成员时不需要指定该成员所属的对象，那么当不同的对象调用相同的成员函数时，系统是如何区分成员函数所使用的数据所属的对象呢？

对象自身的引用是面向对象程序设计语言特有的、十分重要的机制。C++语言中，类的各个非静态成员函数中都有一个指针常量 this，该指针由系统提供，并且自动指向调用该成员函数的对象(当前对象)，成员函数中所使用的类的成员均被隐含地施加了 this 指针，即缺省情况下类的非静态成员函数中所使用的非静态成员是 this 指针所指向的对象的成员。

通常情况下，this 指针由系统自动隐含使用。在特定情况下，用户必须显式地使用 this 指针。

【例 7-10】this 指针的使用示例。

源程序代码

```
#include<iostream.h>
class Q{
    int a, b;
public:
    Q(int t1, int t2){a=t1;b=t2;}
    void print( ){cout<<a<<'\t'<<b<<endl;}
    Q add(int a, Q &t)
    {
        this->a=this->a+a+t.a;      //A
        b=b+a+t.b;                  //B,该行语句等价于 this->b=this->b+a+t.b;
        return *this;               //C
    }
};
void main( )
{
    Q q1(1,2), q2(0,0);
    q1.print( );                    //D
    q2.print( );                    //E
    q1=q2.add(5, q1);               //F
    q1.print( );
    q2.print( );
}
```

程序分析

类Q的成员函数add 的功能是将当前对象(调用该函数的对象)的数据成员分别加上参数a 的值后，再加上参数对象 t，函数返回值是计算后的当前对象。在该函数中，由于参数 a 与成员 a 同名，所以在 A 行中要使用成员 a 必须显式地使用 this 指针，而 B 行中的成员 b 既可以不显式地使用 this 指针，也可以显式地使用 this 指针。C 行需要将当前对象作为函数的运行结果返回，只能对 this 指针取值。this 指针指向正在操作的当前对象。程序执行 D 行时，print 函数中的 this 指针指向对象 q1，程序执行 E 行和 F 行时，函数 print 和 add 中的 this 指针均指向对象 q2。

程序运行结果

```
1       2
0       0
6       7
6       7
```

7.5 静 态 成 员

通常情况下，同一个类的不同对象之间的数据是相互独立的，即同一类的不同对象的同名成员有不同的存储空间。为了实现类的不同对象之间的数据共享，C++语言提出了静态成员的概念。在类定义中，用关键字 static 说明的成员为静态成员。类的静态成员分静态数据成员和静态成员函数。

7.5.1　静态数据成员

类的静态数据成员为类的所有对象所共享，它们使用同一个内存空间，如果改变了其中一个对象的某个静态数据成员，则其他所有对象相应的静态数据成员的值均随之改变。类的静态数据成员有着共同的存储空间，它属于整个类而不属于某个特定的对象，所以在定义类时必须在类体外独立定义其静态数据成员并初始化。类体中说明的静态数据成员只是对已经定义的静态数据成员的引用。类的数据成员的静态特性在类体中声明时用关键字 static 标明，在类体外再作定义性说明时不再使用该关键字。

类体中静态数据成员引用性说明的一般格式如下：

```
static 数据类型 静态数据成员名;
```

类体外静态数据成员定义性说明的一般格式如下：

```
类型名 类名::静态数据成员名(初始值);
```

或

```
类型名 类名::静态数据成员名 = 初始值;
```

如果定义性说明时不提供初始值，则系统提供缺省的初始值 0。

【例 7-11】类的静态数据成员的定义与使用示例。

源程序代码

```
#include<iostream.h>
class R{
    int a;
    static int b, c;                              //A
public:
    R(int t){a=t;}
    void add( ){a++;b++;c++;}
    void print( )
    {
        cout<<a<<'\t'<<b<<'\t'<<R::c<<endl;     //B
    }
};
int R::b, R::c=5;                                 //C
void main( )
{
    R r1(0),  r2(3);
    r1.print( );
    r2.print( );
    r1.add( );                                    //D
    r1.print( );
    r2.print( );
```

```
}
```

程序分析

A 行用关键字 static 为类说明了两个静态数据成员，但 A 行的说明仅为引用性说明，在类体外 C 行对这两个成员的定义性说明是必需的。注意，类体外给出类的静态成员的定义性说明时不可以再使用关键字 static，但必须使用作用域运算符“ :: ”说明其作用域，即其所属的类。在 C 行定义的静态数据成员 R::b 具有缺省的初始值 0，R::c 的初始值为 5。

对非静态成员的访问必须指明其所属的对象不同，对静态成员的访问可以指明其所属的对象，也可以直接指明其所属的类。B 行对成员 a 和 b 的访问系统解释为 this->a 和 this->b，即当前对象的成员 a 和 b，而对成员 c 的访问是直接指明其所属的类 R。

比较主函数中定义的类 R 的两个对象，对象 r1 和 r2 的普通成员 a 的值分别为 0 和 3，静态成员 b 和 c 的值同为 0 和 5。D 行通过对象 r1 调用 add 函数将其自身成员的值自增。由于 r1 的成员 b 和 c 是静态成员，所以 r2 的成员 b 和 c 也同样自增；r2 的成员 a 是普通成员，所以 r2 的成员 a 并没有改变。

程序运行结果

```
0       0       5
3       0       5
1       1       6
3       1       6
```

对于某一个类而言，类的静态数据成员与全局变量类似，可以使类的各对象之间共享数据，如统计总数、求平均值等，但全局变量没有访问特性的限制，并且不局限于某一个类使用。使用全局变量的类是违反面向对象程序设计的封闭性原则的。

7.5.2　静态成员函数

在类定义中，用关键字 static 修饰的函数为类的静态成员函数。静态成员函数属于整个类，是该类的所有对象所共有的成员函数。由于类的静态成员函数不属于某个特定的对象，函数内部没有系统提供的 this 指针，因而静态成员函数只能直接访问类的静态成员，不能直接访问类的非静态成员。

【例 7-12】类的静态成员函数的定义与使用示例。

源程序代码

```
#include<iostream.h>
class S{
    int a;
    static int b;
public:
    S(int t){a=t;}
    static void add1( )
    {
        a++;                            //A,出错!
        b++;                            //B,正确!
    }
```

```
        static void add2(S t)
        {
            t.a++;                          //C
            b++;
        }
        void print( ){  cout<<a<<'\t'<<b<<endl; }
};
int S::b=5;
void main( )
{
    S::add1( );                          //静态成员函数可以在对象未定义时通过类名来调用
    S s1(0);
    s1.print( );
    s1.add2(s1);
    s1.print( );
}
```

程序分析

程序中类 S 的成员函数 add1 和 add2 被说明为静态成员函数。由于静态成员函数中没有 this 指针，A 行对成员 a 的访问没有明确属于哪一个对象，所以系统报错，而 B 行的成员 b 是静态的，不必说明其所属的对象。如果需要在静态成员函数中访问类的非静态成员，可以通过函数的对象参数访问。如 add2 函数中的 C 行通过参数 t 的对象访问了对象 t 的成员 a。

若在删除程序的 A 行，则运行结果如下：

```
0       6
0       7
```

程序运行结果第二行之所以输出 0 和 7 而不是 1 和 7，是因为函数 add2 的参数是值传递，函数中对 t.a 值的修改并不影响实参 s1.a。由于类的数据成员 b 是静态的，所以，函数中的 t.b 和实参的 s1.b 共享同一内存中的数据。如果将函数 add2 改为引用型的参数，则程序的第二行将输出 1 和 7。

7.6　常成员与常对象

类的封闭性为数据的安全提供了保障，但各种形式的数据共享(如友元函数、友元类等)又不同程度地破坏了这种数据安全性。因此，对于那些既需要共享，又需要保护的数据，C++语言提供了“常量”形式的保护。如果在定义类或声明类的对象时用关键字 const 修饰类的成员或对象，则该成员或对象被说明为常成员或常对象，它们在程序运行期间是不允许改变的。

1. 常数据成员

如果在说明类的数据成员时添加了关键字 const，则该成员为类的常数据成员。除静态常数据成员以外，类的常数据成员只能在类的构造函数中通过初始化列表的方式赋值外，不能在其他地方改变其值。类的静态常数据成员只能在类外定义性说明时初始化。在对象的生存期内，对象的常数据成员只能被读取，不能被修改。

【例 7-13】 常数据成员示例。

源程序代码

```
#include<iostream.h>
class T{
    int a;
    int &b;
    const int c;                               //也可以说明为int const c;
    const static int d;                        //也可以说明为 static const int d;
public:
    T(int t1, int t2): b(a), c(t1){a=t2;}      //A
    void print( ){  cout<<a<<'\t'<<b<<'\t'<<c<<'\t'<<d<<endl;  }
    void fun( )
    {
        a++;
        b++;                                   //B
    }
};
const int T::d=15;                             //静态常数据成员在类外说明时初始化
void main( )
{
    T t(5,10);
    t.print( );
    t.fun( );
    t.print( );
}
```

程序分析

类 T 的数据成员 b 为引用类型，c 为常数据成员。与引用类型成员类似，通常情况下，常类型的变量在其定义时必须初始化，但类中的常类型成员只是说明类的组成结构，在定义类时还没有产生对象，不能初始化。常数据成员 c 的初始化方法也只能是如 A 行所示的构造函数的列表形式，不可以像数据成员 a 那样在构造函数体中通过赋值的形式初始化。类的常数据成员，除了可以在构造函数中通过列表形式初始化外，不允许其他任何形式的修改操作。例如，类的数据成员 b 不可以对常数据成员 c 进行引用，因为数据成员 b 是可以改变的。如果类 T 的引用类型的数据成员 b 也说明为常数据成员，则它可以引用常数据成员 c。但在这种情况下，B 行的操作将变得不合法。

程序运行结果

```
10      10      5       15
12      12      5       15
```

类的非常数据成员不可以引用类的常数据成员，类的常数据成员可以引用类的非常数据成员。例如，本例中的类 T 可以改成如下定义：

```
class T{
```

```
    int a;
    const int &b;
    int c;
    static const int d;
public:
    T(int t1, int t2): b(a){a=t2;c=t1;} //类的常数据成员b可以引用非常数据成员a
    void print(){cout<<a<<'\t'<<b<<'\t'<<c<<'\t'<<d<<endl;}
    void fun( )
    {
        a++;                                //被常数据成员引用的成员仍可以改变
        c++;
    }
};
```

2. 常成员函数

用关键字 const 说明的成员函数称为常成员函数，常成员函数原型说明的一般格式如下：

```
类型  函数名(形参列表)const;
```

定义和使用类的常成员函数时需要注意以下几点。

(1)关键字 const 加在函数头部的最后，而不是加在最前面，加在最前面表示函数的类型是一个常量。

(2)关键字 const 是函数类型的一个组成部分，因此，在常成员函数原型说明和定义时该关键字都不可以省略。

(3)常成员函数不能修改本类的数据成员，也不能调用其他非常成员函数。

(4)关键字 const 可以和函数参数表一样作为函数重载时区分不同函数的标志。在这种情况下，重载的原则是：常对象调用常成员函数，一般对象调用一般成员函数。

3. 常对象

常对象的说明与普通常变量的定义类似，其定义的一般格式如下：

```
类名 const 对象名;
```

或

```
const 类名 对象名;
```

在 C++语言中，常对象在定义时必须初始化，并且其数据成员在常对象的生存期内不允许被改变。

【例 7-14】常对象与常成员函数使用示例。

源程序代码

```
#include <iostream.h>
class W{
    int a;
    int const b;
public:
    W(int t1, int t2): b(t1){a=t2;}
```

```
    void print( )const                              //A,函数1
    {cout<<"a="<<a<<", "<<"b="<<b<<endl;}
    void print( )                                   //B,函数2
    {cout<<"(a, b)=("<<a<<", "<<b<<")"<<endl;}
    void add(int t) {a+=t;}
};
void main( )
{
    const W w1(5,10);
    W w2(1, 2);
    w2.add(3);                                      //C
    w1.print( );                                    //D
    w2.print( );                                    //E
}
```

程序分析

A 行定义的函数为常成员函数(函数 1)，B 行定义的函数为普通函数(函数 2)，这两个函数构成一对重载函数。主函数中声明的对象 w1 为常对象，w2 为普通对象。C 行通过普通对象 w2 调用成员函数 add。由于对象 w1 是常对象，所以如果将 C 行改成通过对象 w1 调用成员函数 add，系统会报错。D 行和 E 行都是调用成员函数 print，根据常成员函数重载的原则，D 行由常对象 w1 调用的是函数 1，E 行由普通对象调用的是函数 2。如果本例中没有定义函数 2，则 E 行调用的是函数 1；如果没有定义函数 1，则 D 行的调用就会出错。

程序运行结果

```
a=10, b=5
(a, b)=(5, 1)
```

7.7 程 序 举 例

【例 7-15】根据键盘输入的身份证号计算相应的年龄，并显示系统的当前日期和时间。

程序设计

系统当前日期和时间可以通过调用 C++库函数 time 来获取(使用该函数时要包含头文件 time.h)。函数 time 返回 time_t 格式的系统当前日期和时间。time_t 是系统定义的一种表示日期和时间的组合数据，可以调用库函数 localtime 将其转换为一个 tm 类型的结构体变量。tm 结构体也是由系统定义的表示日期和时间的结构体类型，其成员 tm_year 存放以 1900 年为起始点的年份，成员 tm_mon 存放以 0 为起始的月份，成员 tm_mday、tm_hour、tm_min 和 tm_sec 中分别存放日期、时、分、秒的值。类型 time_t 和结构体 tm 在头文件 time.h 中被定义。

源程序代码

```
#include<iostream.h>
#include<time.h>
#include<string.h>
```

```
class Date{                                   //(当前)日期类
    int year, month, day;
public:
    Date(tm *t){
        year=t->tm_year+1900;
        month=t->tm_mon+1;
        day=t->tm_mday;
    }
    int get_year( ) {return year;}
    int get_month( ){return month;}
    int get_day( )  {return day;}
    void display( ) {cout<<year<<"年"<<month<<"月"<<day<<"日"<<endl;}
};
class Time{                                   //(当前)时间类
    int hour, minute, second;
public:
    Time(tm *t){
        hour=t->tm_hour;
        minute=t->tm_min;
        second=t->tm_sec;
    }
    void display( ) {   cout<<hour<<": "<<minute<<": "<<second<<endl;
 }
};
class ID{                                     //身份证类
    char id[20];                              //身份证号
    int year, month, day;                     //出生日期
    Date d1;                                  //当前日期
    Time t1;                                  //当前时间
public:
    ID(char *id, tm *t):d1(t),t1(t) {
        strcpy(this->id,id);
        fun( );
    }
    int val(char *p, int i, int j){
        //将字符串中从第 i 个字符开始的 j 个连续数字字符转换为一个整数
        //该函数用于从身份证字符串中提取出生日期
        int n=0, k=i+j;
        while(i<k){
            n=n*10+*(p+i)-'0';
            i++;
        }
        return(n);
    }
```

```
    void fun(){
        year=val(id,6,4);
        month=val(id,10,2);
        day=val(id,12,2);
    }
    int age( )  {
        return(d1.get_year( )-year);
    }
    void display( ) {
        cout<<"当前日期:";
        d1.display( );
        cout<<"当前时间:";
        t1.display( );
        cout<<"身份证号:"<<id<<endl;
        cout<<"年龄:"<<age( )<<endl;
        cout<<year<<endl;
    }
};
void main( )
{
    //以下 4 行语句用于获取当前时间,并存入指针 pt 所指的 tm 类型的结构体变量中
    struct tm *pt;
    time_t timer;
    timer=time(NULL);
    pt=localtime(&timer);
    char s[20];
    cout<<"请输入身份证号:";
    cin>>s;
    ID id1(s, pt);
    id1.display( );
}
```

【例 7-16】定义一个数组类，实现将二维数组各行元素排序、各列元素排序、全体元素按内存顺序排序等功能。

源程序代码

```
#include<iostream.h>
#include<stdlib.h>
class Array{
    int a[4][5];
public:
    Array(int t[4][5]){
        for(int i=0; i<4; i++)
            for(int j=0; j<5; j++)
                a[i][j]=t[i][j];
```

```
    }
    void print( )                    //输出二维数组
    {
        for(int i=0; i<4; i++){
            for(int j=0; j<5; j++)
                cout<<a[i][j]<<'\t';
            cout<<'\n';
        }
    }
    void fun1( );                    //多行排序
    void fun2( );                    //各列排序
    void fun3( );                    //按内存顺序排序
};
void Array::fun1( )
{
    for(int i=0; i<4; i++)
        for(int k=0; k<4; k++)
            for(int j=k+1; j<5; j++)
                if(a[i][k]>a[i][j]){
                    int t=a[i][k];
                    a[i][k]=a[i][j];
                    a[i][j]=t;
                }
}
void Array::fun2( )
{
    for(int j=0; j<5; j++)
        for(int i=0; i<3; i++)
            for(int k=i+1; k<4; k++)
                if(a[i][j]>a[k][j]){
                    int t=a[i][j];
                    a[i][j]=a[k][j];
                    a[k][j]=t;
                }
}
void Array::fun3( )
{
    int *p=&a[0][0];
    int n=4*5;
    for(int i=0; i<n-1; i++)
        for(int j=i+1; j<n; j++)
            if(*(p+i)>*(p+j)){
                int t=*(p+i);
                *(p+i)=*(p+j);
```

```
                *(p+j)=t;
            }
    }
    void main( )
    {
        int data[4][5];
        for(int i=0; i<4; i++)
            for(int j=0; j<5; j++)
                data[i][j]=rand( );
        Array a1(data), a2(data);
        cout<<"\n原数组:\n";
        a1.print( );
        a1.fun1( );
        cout<<"\n行排序:\n";
        a1.print( );
        a1=a2;
        a1.fun2( );
        cout<<"\n列排序:\n";
        a1.print( );
        a1=a2;
        a1.fun3( );
        cout<<"\n内存顺序排序:\n";
        a1.print( );
    }
```

程序分析

类 Array 的成员函数 fun1、fun2 和 fun3 分别实现二维数组的各行元素排序、各列元素排序以及二维数组按内存顺序排序。各行元素排序时，将二维数组的各行元素看成一个一维数组，采用一维数组排序的方法逐行排序(共有 4 行元素，所以排序过程循环 4 次)；各列元素排序时，则将每列元素看成一个一维数组；二维数组按内存顺序排序时，用一个指向整型数据(二维数组的元素)的指针 p 指向成员数组的第一个元素，此时就可以将二维数组形式的成员数组 a 看成一个一维数组 p。在主函数中初始化二维数组时使用了随机数生成函数 rand，该函数定义在头文件 stdlib.h 中。

【例 7-17】定义一个类，将一组数据按给定的行列表示成一个二维数组。

源程序代码

```
#include<iostream.h>
class Array{
    int *p;                          //p 指向数组起始元素
    int m, n;                        //m,n 分别为二维数组的行数和列数
public:
    Array(int *t, int a, int b) {
        m=a;
        n=b;
```

```
        p=new int[m*n];              //初始化指针成员
        for(int i=0; i<m*n; i++)
            *(p+i)=*(t+i);
    }
    ~Array( )   {delete []p;}        //撤销动态内存
    int get(int i, int j)            //取数组行下标为 i,列下标为 j 的元素
    {return *(p+i*n+j);}             //A
    void print( ){
        for(int i=0; i<m; i++){
            for(int j=0; j<n; j++)
                cout<<get(i,j)<<'\t';
            cout<<'\n';
        }
    }
};
void main( )
{
    int *data, i0, j0;
    cout<<"请输入二维数组的行数和列数:";
    cin>>i0>>j0;
    data=new int[i0*j0];
    cout<<"请输入数组元素:";
    for(int i=0; i<i0; i++)
        for(int j=0; j<j0; j++)
            cin>>*(data+i*j0+j);    //B
    Array a1(data, i0, j0);
    a1.print( );
    delete [ ]data;
}
```

程序分析

类 Array 和主函数中分别用指针变量 p 和 data 来表示一维数组。指针变量本身只能存放一个地址值，而不能存放数组的各个元素。用指针变量表示一个数组实际上是将该指针指向数组的第一个元素。例题中使用一维数组形式的动态内存来存放数组中的各元素，并将两个数组的首元素地址分别存入指针变量 p 和 data 中。

二维数组的数组名代表了数组元素在内存中顺序存放的起始地址。可以将二维数组的数组名用作操作数组元素的指针，但其类型是指向数组的整行元素而不是一个元素的，即对数组名的间接引用结果是数组的第一行元素集合，而不是数组的第一个元素。程序中类 Array 的构造函数以一维数组的形式提供二维数组的各元素时，其后的参数提供二维数组的排列方式。程序中 A 行根据二维数组的起始元素的地址 p 计算元素 p[i][j]的地址，并根据该地址取元素的值。B 行操作与 A 行类似。

【例 7-18】定义一个学生类，将一组学生的数据存入对象数组，并根据成绩对学生信息进行排序。要求每个学生的信息中均含有学生所在班成绩的总分和平均分。

源程序代码

```
#include<iostream.h>
#include<string.h>
class STU{
    float score;
    char name[15];
    static int count;
    static float sum, average;
public:
    STU( ){count++;}
    ~STU( ){count--;}
    void input( )
    {
        cout<<"请输入学生姓名和成绩:";
        cin>>name>>score;
        sum+=score;
        average=sum/count;
    }
    void print( ){cout<<name<<":"<<score<<endl;}
    static int get_count( ){return count;}
    static float get_sum( ){return sum;}
    static float get_average( ){return average;}
    float get_score( ){return score;}
};
int STU::count;
float STU::sum, STU::average;
void input(STU t[ ])
{
    for(int i=0; i<STU::get_count( ); i++)
        t[i].input( );
}
void sort(STU *p[ ])
{
    for(int i=0; i<STU::get_count( )-1; i++)
        for(int j=i+1; j<STU::get_count( ); j++)
            if(p[i]->get_score( )<p[j]->get_score( )){
                STU *t=p[i];
                p[i]=p[j];
                p[j]=t;
            }
}
void print(STU *t[ ])
{
    for(int i=0; i<STU::get_count( ); i++)
        t[i]->print( );
```

```
    cout<<"\n学生数:"<<STU::get_count( )<< '\t';
    cout<<"总  分:"<<STU::get_sum( )<< '\t';
    cout<<"平均分:"<<STU::get_average( )<<endl;
}
void main( )
{
    STU *p[5], s[5];                        //A
    input(s);
    for(int i=0; i<STU::get_count( ); i++)
        p[i]=s+i;
    sort(p);
    print(p);
}
```

程序分析

程序中使用了 3 个静态成员，以方便数据的统计。在为每个对象输入数据时，其静态成员的数值即为所有对象的统计数据。在类的构造函数中静态成员 count 加 1，析构函数中 count 减 1，所以 count 的数值代表了内存中对象的个数。主函数中 A 行定义的数组 p 中的每个元素的类型均为 STU 类型的指针，而数组 s 中的各个元素均为类 STU 的对象。定义指针时是不生成对象的，而定义数组时会生成对象。由于 A 行对类 STU 的构造函数共调用了 5 次，故 STU::count 的值为 5。

在调用函数 sort 为对象数组 s 排序时，函数 sort 并没有改变数组 s 中元素的相对位置，其排序结果通过改变数组 p 中各指针元素的指向来体现。排序前后数组 p 和 s 的元素取值如图 7-1 和图 7-2 所示。

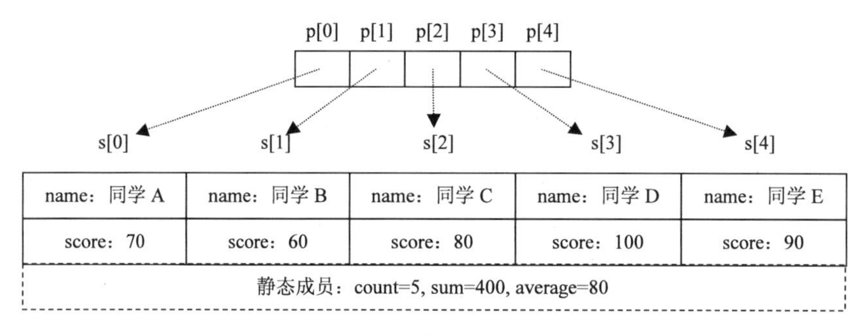

图 7-1 排序前 p 数组指针指向示意图

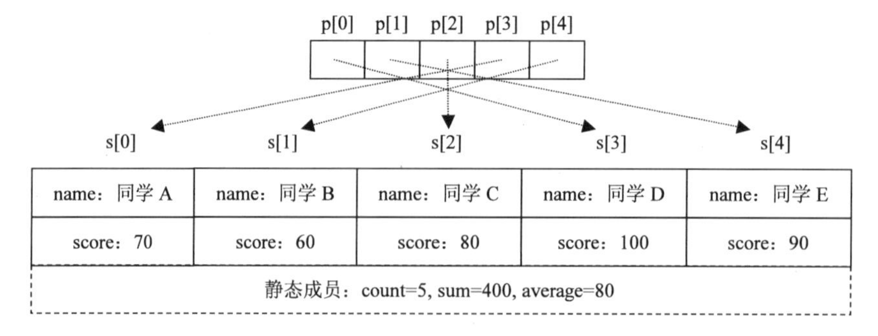

图 7-2 排序后 p 数组指针指向示意图

习 题

1. 假设A为一个类，下列语句序列执行后对类A的构造函数共调用了几次？

```
A a1, a2[3], *pa, *pb[3];
```

2. 当类中含有引用成员、常量成员、对象成员时，其构造函数形式是怎样的？各成员的初始化顺序是什么？

3. 定义一个Point类表示平面上的一个点，再定义一个Rectangle类表示平面上的矩形，用Point类的对象作为Rectangle类的成员描述平面上矩形的顶点坐标。要求类Point中有相应的成员函数可以读取点的坐标值，类Rectangle中含有一个函数，用以计算并输出矩形的面积及顶点坐标。在主函数中对类Rectangle进行测试。

4. 定义一个类，用于删除字符串中多余的字符，使其中的字符互不相同，具体要求如下：

(1)类的数据成员(字符串)用指针表示，并在构造函数中根据参数的实际情况为该成员指针申请内存空间。

(2)删除多余字符串时，只能在原字符串空间中进行，不得借助其他辅助空间。

5. 定义一个类Array，实现二维数组每列元素按各元素的各位数字之和从小到大排序。要求用一个专门的函数求数组元素的各位数字之和。

6. 定义一个以整型数组表示的集合类Set，要求其元素个数由定义对象时提供的数组确定，并实现以下功能。

(1) int isEmpty() const。判断集合是否为空，如果是，则函数值为1，否则函数值为0。

(2) int size() const。返回集合的元素个数。

(3) int isIn(int t) const。判断t是否属于集合，如果是，则函数值为1，否则函数值为0。

(4) int isSubset(const Set &s) const。判断s是否包含于集合，如果是，则函数值为1，否则函数值为0。

(5) void insert(int t)。将t加入集合中。

(6) Set unionset(const Set &s) const。求集合的并集。

第 8 章　继承与多态性

作为面向对象程序设计的基础，封装性是通过类的定义将数据及其操作视为一个整体，隐藏事物的属性，实现代码模块化。继承性通过扩展已存在的代码模块实现代码复用，以减少冗余代码，便于程序的检测、调试和维护。多态性则是通过虚函数提供公共接口，实现接口复用——“一个接口，多种实现”。

8.1　继承与派生

8.1.1　派生类

1. 派生类的概念

C++程序设计中的类可能是相互联系的，如在某学校信息系统中教师类 teacher 和学生类 student 的定义如下：

```
class teacher{
    char name[10];                //姓名
    int year,month,day;           //出生日期
    float wage;                   //工资
};
class student{
    char name[10];                //姓名
    int year,month,day;           //出生日期
    float score;                  //成绩
};
```

这两个类中有不必重复的属性代码，如将其抽取出来作为一个类 people，则在类 people 的基础上，加上成员 wage 可构成教师类 teacher，而加上成员 score 可构成学生类 student，即教师类 teacher 和学生类 student 都可以由类 people 派生得到。

C++语言的继承机制是以已有的类为基础定义新类，实现代码复用。已有的类称为基类或父类，新定义的类称为派生类或子类。它们之间的关系如图 8-1 所示。

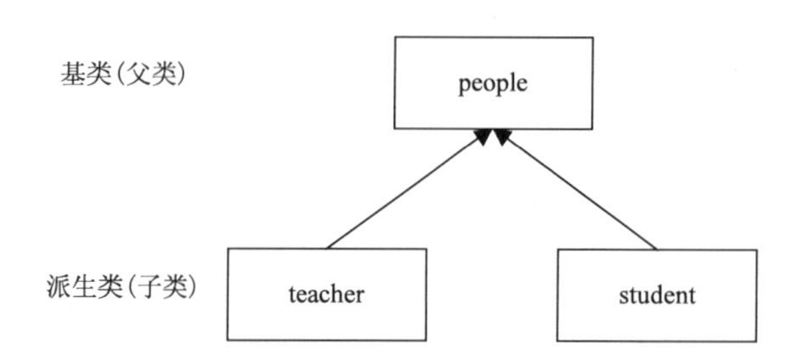

图 8-1　继承和派生

2. 定义派生类

定义派生类的一般格式如下：

```
class 派生类名:派生方式 基类名{
    新增成员列表
};
```

派生方式可采用关键字 public、private 或 protected 修饰，分别称为公有派生、私有派生和保护派生，缺省派生方式为私有派生。类体中新增成员与普通类中成员的定义方法相同。

【例 8-1】 定义类 people，数据成员包括姓名、出生日期；以类 people 为基类，定义派生类教师类 teacher，数据成员包括姓名、出生日期、工资和工作部门。

源程序代码

```
class people{
    char name[10];                    //姓名
    int year,month,day;               //出生日期
};
class teacher:public people{
    float wage;                       //工资
public:
    char department[20];              //工作部门
};
```

在定义派生类时，应在派生类名称的后面加上“:”、派生方式和基类的名称。派生类 teacher 的数据成员包含从基类 people 继承得到的成员姓名和出生日期，以及新增的成员工资和工作部门。

8.1.2　派生成员及其访问权限

1. 派生类中的成员

派生类中的成员包括两类，一类是从基类继承来的成员，称为派生成员，如例 8-1 中的类 teacher 包含类 people 的成员 name、year、month 和 day；另一类是派生类的新增成员，即派生类类体中列出的成员，如例 8-1 中类 teacher 包含的新增成员 wage 和 department。

派生类除了可以从基类继承数据成员外，同样可以继承除构造函数和析构函数以外的其他成员函数。

2. 派生成员的访问权限

派生类中新增成员的访问权限与普通类相同，由派生类类体列表中的访问权限关键字说明，如例 8-1 中类 teacher 的成员 wage 为私有属性，而成员 department 为公有属性。

派生类中派生成员的访问权限由其在基类中的原有属性和派生方式决定。

(1) 公有派生时，派生成员的访问权限维持其在基类中的原有属性不变。

(2) 私有派生时，基类中的所有成员派生后均变为私有成员。

(3) 保护派生时，基类中的公有和保护成员派生后变为保护成员，私有成员派生后仍为私有成员。

3 种派生方式派生成员的访问权限和访问方式如表 8-1~表 8-3 所示。

表 8-1　公有派生时派生成员的访问权限和访问方式

基类成员权限	派生成员权限	派生类内部访问方式	派生类外部访问方式
公有成员	公有成员	直接访问	直接访问
保护成员	保护成员	直接访问	间接访问
私有成员	私有成员	间接访问	间接访问

表 8-2　私有派生时派生成员的访问权限和访问方式

基类成员权限	派生成员权限	派生类内部访问方式	派生类外部访问方式
公有成员	私有成员	直接访问	间接访问
保护成员	私有成员	直接访问	间接访问
私有成员	私有成员	间接访问	间接访问

表 8-3　保护派生时派生成员的访问权限和访问方式

基类成员权限	派生成员权限	派生类内部访问方式	派生类外部访问方式
公有成员	保护成员	直接访问	间接访问
保护成员	保护成员	直接访问	间接访问
私有成员	私有成员	间接访问	间接访问

以上表中的直接访问是指直接使用成员，而间接访问是指通过公有成员函数间接使用成员。在派生类内部能否访问派生成员，由派生成员在基类中的原有属性决定，与派生后的属性无关，即派生类内部可直接访问基类原有的非私有成员，间接访问私有成员；在派生类外部能否访问派生成员，则要看派生后的属性，即派生后仍为公有的可直接访问，而非公有的只能间接访问。

【例 8-2】编程实现公有派生时对派生成员的访问，具体要求如下。

(1)定义基类 Base 的 3 种不同访问属性的成员，即公有成员 x、私有成员 y 和保护成员 z。

(2)在类 Base 的派生类 Derived 中直接使用 x 和 z，间接使用 y。

(3)在主函数中，直接使用 x，间接使用 y 和 z。

源程序代码

```
#include<iostream.h>
class Base{
    int y;
protected:
    int z;
public:
    int x;
    Base(){x=1;y=2;z=3;}
    int gety(){return y;}
```

```
    int getz(){return z;}
};
class Derived:public Base{                                    //A
public:
    void print(){cout<<x<<'\t'<<gety()<<'\t'<<z<<'\n';}       //B
};
void main()
{
    Derived test;
    test.print();
    cout<<test.x<<'\t'<<test.gety()<<'\t'<<test.getz()<<'\n';  //C
}
```

程序分析

在派生类内部，派生类 Derived 的成员函数 print 可直接访问基类 Base 的公有成员 x 和保护成员 z，而私有成员 y 只能通过公有成员函数 gety 间接访问，如 B 行。

在派生类外，如主函数访问公有派生类对象 test 的派生成员时，只能直接访问基类的公有成员 x，对私有成员 y 和保护成员 z 必须通过公有成员函数 gety 和 getz 间接访问，如 C 行。

若为私有派生或保护派生，即将例 8-2 中 A 行的 public 改为 private 或 protected，则 C 行将出现编译错误。因为相对于对象 test 来说，无论是 x，还是 gety 或 getz 都是非公有的。但在派生类的类体中，仍可直接访问基类成员 z 和 x。

8.1.3　派生类构造函数

与普通类的构造函数类似，派生类构造函数的作用是对派生类中的数据成员初始化。派生类中的数据成员包括从基类继承来的派生成员和派生类中新增加的成员，初始化它们的方法是不同的，派生成员必须在派生类的头部通过调用基类的构造函数完成，而新增成员则可在构造函数头部或在函数体中完成。

1. 派生类构造函数的定义

在类体中，定义派生类构造函数的一般格式如下：

```
派生类名(形参列表): 基类名(实参列表)
{
    新增成员初始化
}
```

派生类名即派生类构造函数的名称，其后的形参包含类型和名称；基类名即基类构造函数名，“基类名(实参列表)”是基类构造函数的调用形式，实参只有名称，没有类型；类体中新增成员初始化的方法与普通类相同。

派生类的构造函数也可以在类体中说明，而在类体外定义。

类体中说明的一般格式如下：

```
派生类名(形参列表);
```

类体外定义的一般格式如下：

```
派生类名::派生类名(形参列表): 基类名(实参列表)
```

```
{
    新增成员初始化
}
```

使用时应注意，基类构造函数的调用语句只能在派生类构造函数的定义语句中列出，不能在说明语句中列出。

【例 8-3】 定义派生类，通过构造函数初始化数据成员，具体要求如下。

(1) 定义基类 Base，包含数据成员 b1 和 b2。

(2) 定义类 Base 的派生类 Derived，新增数据成员 d1 和 d2。

(3) 派生类构造函数具有 4 个形参，分别用于对派生成员 b1、b2 和新增成员 d1、d2 初始化。

源程序代码

```
#include<iostream.h>
class Base{
    int b1,b2;
public:
    Base(int x,int y){b1=x;b2=y;}
    void show(){cout<<"b1="<<b1<<",b2="<<b2<<'\n';}
};
class Derived:public Base{
    int d1,d2;
public:
    Derived(int a,int b,int c,int d): Base(a,b),d1(c)
    {d2=d;}
    void print(){
        cout<< "派生成员:";
        show();
        cout<< "新增成员:";
        cout<<"d1="<<d1<<",d2="<<d2<<'\n';
    }
};
void main()
{
    Derived test(1,2,3,4);
    test.print();
}
```

程序分析

因为派生类中包含了从基类继承来的派生成员，所以派生类的构造函数中必须包括基类构造函数的调用，以完成派生成员的初始化。本例中，派生类头部通过 Base(a,b) 调用基类构造函数对 b1、b2 进行初始化，用列表对 d1 初始化，函数体中对 d2 初始化。

建立派生类的对象时，必须保证能正确调用基类的构造函数。当基类有缺省的构造函数时，派生类构造函数的头部可省略基类缺省构造函数的调用。即派生类构造函数头部没有基类构造函数调用时，并不是不调用基类的构造函数，而是调用基类缺省的构造函数。例如：

```
class A{
public:
    A(int x){cout<<x<<'\n';}
};
class B{
public:
    B(int x=0){cout<<x<<'\n';}
};
class C:public A{
public:
    C(int x){cout<<x<<'\n';}                //错误
};
class D:public B{
public:
    D(int x){cout<<x<<'\n';}
};
```

类 C 构造函数的定义是错误的，因为在类 C 的构造函数中不能调用其基类的构造函数；而类 D 的定义是正确的，在产生类 D 的对象时，可调用类 B 缺省的构造函数。

2. 含对象成员的派生类的构造函数

若派生类中的数据成员是其他类的对象，称该数据成员为对象成员。当派生类中含有对象成员时，必须在该类中初始化对象成员。初始化对象成员和派生成员的方法类似，都是通过调用其所属类的构造函数完成的。所不同的是派生成员的初始化通过基类名调用构造函数，而对象成员初始化则是通过对象名调用构造函数。

【例 8-4】 定义含对象成员的派生类，根据运行结果分析构造函数的调用过程。

源程序代码

```
#include<iostream.h>
class A{
    int a;
public:
    A(int x){a=x; cout<<"调用类 A 构造函数\n";}
    void show(){cout<<a<<'\n';}
};
class B{
protected:
    int b;
public:
    B(int x){b=x; cout<<"调用类 B 构造函数\n";}
};
class C:public B{
    int c;
    A obj;
public:
```

```
    C(int x,int y,int z):obj(y),B(z){c=x; cout<<"调用类C构造函数\n";}
    void print()
    {
        cout<<"对象成员:"; obj.show();
        cout<<"派生成员:"<<b<<'\n';
        cout<<"普通成员:"<<c<<'\n';
    }
};
void main()
{
    C test(10,20,30);
    test.print();
}
```

程序运行结果

```
调用类B构造函数
调用类A构造函数
调用类C构造函数
对象成员:20
派生成员:30
普通成员:10
```

程序分析

设计程序时，在类的构造函数中增加字符串输出语句，作为调用标记，以观察构造函数的调用过程。类C作为类B的派生类，并包含类A的对象obj。根据程序运行结果分析，在产生类C的对象test时，先后调用了其基类和对象成员obj所属的类的构造函数，最后执行类C构造函数的函数体。

含对象成员的派生类，其数据成员通常包括从基类继承来的派生成员、新增的对象成员和普通成员，其初始化顺序，即构造函数的调用顺序一般为基类→对象成员所属类→自身函数体。析构函数的调用顺序通常与构造函数相反，如本例析构函数的调用顺序为类C→类A→类B。

8.1.4　多继承

1. 多基类继承

具有一个基类的继承方式称为单继承，当派生类具有2个或2个以上基类时称为多基类继承，如图8-2所示。

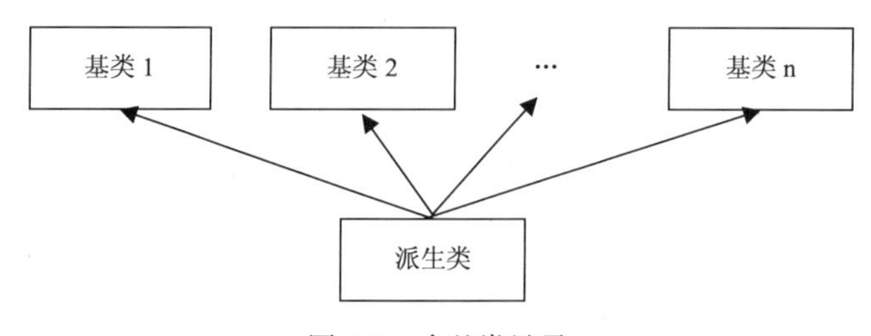

图8-2　多基类继承

多基类继承是单继承的简单扩展，派生类与每个基类之间的关系仍然是一个单继承。多基类继承时派生类定义的一般格式如下：

```
class 派生类名:派生方式1 基类名1，派生方式2 基类名2,…,派生方式n 基类名n
{
    新增成员列表
};
```

多基类继承时，派生类中包含从各个基类继承来的成员，以及派生类中的新增成员。各个派生成员的访问权限由其各自在基类中原有的访问权限和派生方式共同决定，与单继承相同。多基类继承时，类体中定义派生类构造函数的一般格式如下：

```
派生类名(形参列表)：基类名1(实参列表1)，基类名2(实参列表2),…,基类名n(实参列表n)
{
    新增成员初始化
}
```

产生派生类对象时，首先按照继承的顺序逐一调用各个基类的构造函数，然后执行派生类构造函数的函数体。

2. *多级继承*

可以将派生类作为基类产生新的派生类，这种继承方式称为多级继承，如图8-3所示。

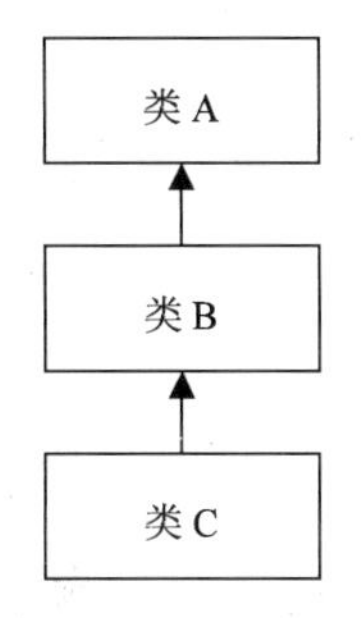

图8-3　多级继承

图8-3中，类B是类A的派生类，同时又是类C的基类。类C中包含了从类B继承来的派生成员，类B中又包含了从类A继承来的派生成员，所以类C中包含了类A中的成员、类B中新增的成员和类C中新增的成员。同样，在类C的构造函数头部要有类B构造函数的调用，在产生类C的对象时，要调用类B的构造函数，而调用类B的构造函数前，又要先调用类A的构造函数，因为类B是类A的派生类。

【例8-5】设计程序，分析多基类继承和多级继承时，派生类的成员情况及对象的产生过程。

源程序代码

```
#include<iostream.h>
class A{
public:
    int a;
    A(int x){a=x; cout<<"调用类A构造函数\n";}
};
class B{
protected:
    int b;
public:
    B(int x){b=x; cout<<"调用类B构造函数\n";}
};
class C:public A,public B{                          //A
```

```
protected:
    int c;
public:
    C(int x,int y,int z):B(y),A(z)                    //B,多基类继承
    {c=x; cout<<"调用类 C 构造函数\n"; }
    void show(){cout<<a<<'\t'<<b<<'\t'<<c<<'\n';}
};
class D:public C{
    int d;
public:
    D(int x,int y,int z):C(x,y,z)                     //多级继承
    {d=x+y+z; cout<<"调用类 D 构造函数\n";}
    void print(){cout<<a<<'\t'<<b<<'\t'<<c<<'\t'<<d<<'\n';}
};
void main()
{
    C t1(1,2,3);
    t1.show();
    D t2(10,20,30);
    t2.print();
}
```

程序分析

类 C 有两个基类，即类 A 和类 B，是多基类继承；类 C 中包含了从类 A 继承来的公有成员 a，从类 B 继承来的保护成员 b 及新增保护成员 c。类 D 的基类 C 本身是派生类，类 D 是多级继承；类 D 中包含了从类 C 继承来的公有成员 a、保护成员 b、保护成员 c 以及新增私有成员 d。类 C 构造函数的头部包含了类 A 和类 B 构造函数的调用，类 D 构造函数的头部包含了类 C 构造函数的调用。

在产生类 C 对象时，先调用类 A 的构造函数，再调用类 B 的构造函数，最后执行类 C 构造函数的函数体。类 A 构造函数的调用在类 B 构造函数调用之前，是因为类 C 先继承了类 A，后继承了类 B，如 A 行所示，与 B 行类 A 和类 B 构造函数调用列表中的顺序无关。但 B 行类 A 和类 B 构造函数调用时的实参决定了成员 a 和 b 的值。

类 D 构造函数头部虽然只有类 C 构造函数的调用，没有类 A 和类 B 构造函数的调用，但产生类 D 的对象时，在调用类 C 构造函数之前，先调用类 A 和类 B 的构造函数，因为类 C 是类 A 和类 B 的派生类。

释放多继承的派生类对象时，同样会调用其基类的析构函数，并且调用顺序通常与构造函数相反。本例中，先释放类 D 的对象 t2，调用析构函数的顺序为：类 D→类 C→类 B→类 A，再释放类 C 的对象 t1，调用析构函数的顺序为：类 C→类 B→类 A。

程序运行结果

```
调用类 A 构造函数
调用类 B 构造函数
调用类 C 构造函数
```

```
3       2       1
调用类 A 构造函数
调用类 B 构造函数
调用类 C 构造函数
调用类 D 构造函数
30      20      10      60
```

8.1.5 赋值兼容性

通常情况下，只有同类型的对象才能相互赋值。但在公有派生时，可将派生类的数据赋值给基类的数据，称为赋值兼容性。即赋值运算符的左操作数是基类数据时，右操作数可以是派生类数据。赋值兼容性主要有以下几种形式。

(1) 将派生类对象赋值给基类对象。

(2) 用派生类对象初始化基类对象的引用。

(3) 将派生类对象的地址赋值给基类指针，即基类指针指向派生类对象。

赋值兼容性的实质是将派生类中从基类继承来的成员赋给基类的对应成员，使用时需注意以下几点。

(1) 赋值兼容性是单向赋值，即赋值运算符的左操作数只能是基类数据，不能是派生类数据。

(2) 赋值兼容性只有在公有派生时才成立，私有或保护派生时不能兼容赋值。

(3) 基类指针指向派生类对象时，通常只能访问从基类继承来的成员，而不能访问派生类的新增成员，除非新增成员是虚函数。

【例 8-6】 设计程序，实现派生类向基类赋值。

源程序代码

```
#include<iostream.h>
class Base{
protected:
    int b;
public:
    Base(int x){b=x;}
    void show(){cout<<"Base::b="<<b<<'\n';}
};
class Derived:public Base{
    int d;
public:
    Derived(int x,int y):Base(x)
    {d=y;}
    void show(){
        cout<<"Base::b="<<b<<'\n';
        cout<<"Derived::d="<<d<<'\n';
    }
};
```

```
void main( )
{
    Base t1(5),*p;
    Derived t2(10,20);
    t1=t2;                  //A
    t1.show();              //B
    t2.show();              //C
    p=&t2;                  //D
    p->show();              //E
}
```

程序分析

本例中定义了基类对象 t1、基类指针变量 p、公有派生类对象 t2。A 行的作用是 t1.b=t2.b，B 行调用的是基类的 show 函数。子类 Derived 包含两个成员函数 show，一个是从基类 Base 继承来的，另一个是新增的。C 行调用的是对象 t2 新增的成员函数 show。D 行基类指针 p 指向派生类对象 t2，E 行调用的是 t2 从类 Base 继承来的成员函数 show。

程序运行结果

```
Base::b=10
Base::b=10
Derived::d=20
Base::b=10
```

8.2 冲　突

通常情况下，一个类中是不允许出现名称相同的成员的。但继承时，派生类中可能出现多个名称相同的成员，如例 8-6 中类 Derived 包含两个成员函数 show。这是允许的，因为它们来自不同的类，即作用域不同。

8.2.1 冲突的概念

1. 冲突

冲突是指派生类中同时存在来自不同类的、名称相同的成员。冲突主要有两种情况，一种是来自不同基类的同名成员同时出现在派生类中，另一种情况是从基类继承来的成员与派生类中的新增成员同名，如图 8-4 所示。

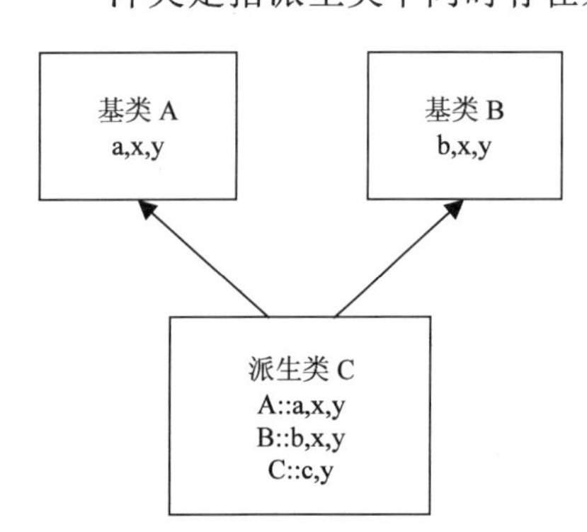

图 8-4　继承中的冲突

来自不同类的同名成员可以用“类名::”加以区分，在图 8-4 中，类 C 有两个 x，分别从类 A 和类 B 继承而来，必须用 A::x 和 B::x 表示。此时，不能直接引用 x。

2. 支配规则

当派生类中新增的成员与从基类继承来的成员同名时，直接使用的成员是派生类中新增的同名成员，这种优先关系称为支配规则。而对从基类中继承来的同名成员应使用作用域运算符。在图 8-4 中，派生类 C 中有 3 个 y，必须用 A::y 表示从类 A 继承来的 y，用 B::y 表示从类 B 继承来的 y，但可以直接用 y 表示派生类中新增加的 y，即 C::y。

【例 8-7】根据冲突情况与支配规则分析下列程序的输出结果。

源程序代码

```
#include<iostream.h>
class A{
protected:
    int a,x,y;
public:
    A(){a=1; x=2; y=3;}
};
class B{
protected:
    int b,x,y;
public:
    B(){b=4; x=5; y=6;}
};
class C:public A,public B{
    int c,y;
public:
    C(){c=7; y=8;}
    void show(){
        cout<<"a="<<a<<"\tb="<<b<<"\tc="<<c<<'\n';                    //A
        cout<<"A::x="<<A::x<<"\tB::x="<<B::x<<'\n';                   //B
        cout<<"A::y="<<A::y<<"\tB::y="<<B::y<<"\tC::y="<<y<<'\n';  //C
    }
};
void main()
{
    C t;
    t.show();
}
```

程序分析

类 C 中包含 A::a、A::x、A::y、B::b、B::x、B::y、C::c、C::y 共 8 个数据成员。没有冲突时，可直接使用派生成员和新增成员，如 A 行。若出现多基类继承时的冲突，则必须在冲突成员前用基类名和作用域运算符指出其所属的类，否则会产生二义性，如 B 行所示。若从基类继承来的派生成员与派生类中的新增成员重名，缺省表示引用的是新增成员，如 C 行中的 y 等同于 C::y。

程序运行结果

```
a=1     b=4     c=7
A::x=2  B::x=5
A::y=3  B::y=6  C::y=8
```

8.2.2 虚基类

因冲突产生的二义性通常可以通过类名和作用域运算符解决，但同一个基类经过多级继承后会出现用“类名::”无法解决的冲突，如图 8-5 所示。

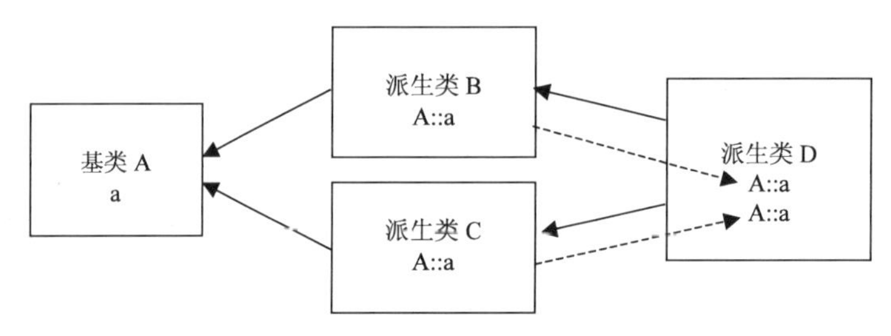

图 8-5 无法解决的冲突

图 8-5 中，由类 A 分别派生出类 B 和类 C，再由类 B 和类 C 共同派生出类 D。此时，类 D 中就会出现类 A 的两个成员 a，一个是从类 B 继承来的，一个是从类 C 继承来的，但不能写成 B::a、C::a 或 B::A::a、C::A::a，因为 a 既不是类 B 的成员，也不是类 C 的成员，类 A 既不属于类 B，也不属于类 C，其表示方法只能是 A::a。C++语言使用虚基类解决从不同途径继承来的同一成员重复出现的问题，称为虚数继承。

1. 虚基类的概念

虚拟继承时，将共同基类设置为虚基类。图 8-5 中，若将类 A 说明为虚基类，类 D 中从不同的路径(类 B、类 C)继承来的虚基类(类 A)的数据成员在内存中只保存一个，成员函数也只有一个映射。这不仅解决了二义性问题，也节省了内存空间，避免了数据的不一致。

虚基类定义的一般格式如下：

```
class 派生类名: virtual 派生方式 基类名
{
    新增成员列表
}
```

或

```
class 派生类名: 派生方式 virtual 基类名
{
    新增成员列表
}
```

2. 虚拟继承的构造函数

从虚基类直接或间接继承的派生类构造函数的头部，必须列出虚基类构造函数的调用，除非虚基类有缺省的构造函数。在图 8-5 的虚拟继承中，类 B、类 C 和类 D 构造函数的头部都必须包含类 A 的构造函数调用；建立类 B 或类 C 的对象时，都会先调用类 A 的构造函数，然后再执行类 B 或类 C 构造函数的函数体；但建立类 D 对象时，在调用类 B 和类 C 构造函数的过程中，不调用类 A 的构造函数，而是在类 D 中直接调用类 A 的构造函数，保证对虚基类成员的初始化只进行一次，并且虚基类构造函数的调用先于非虚基类构造函数的调用。

【例 8-8】设计程序，分析虚基类的定义及其派生类对象的产生。

源程序代码

```
#include<iostream.h>
class A{
protected:
    int a;
public:
    A(int x){a=x; cout<<"调用类 A 构造函数\n";}
};
class B:public virtual A{                                          //A
protected:
    int b;
public:
    B(int x,int y):A(y)                                            //B
    {  b=x; cout<<"调用类 B 构造函数\n"; }
};
class C:virtual public A{                                          //C
protected:
    int c;
public:
    C(int x,int y):A(y)                                            //D
    {  c=x; cout<<"调用类 C 构造函数\n"; }
};
class D:public B,public C{
    int d;
public:
    D(int x,int y,int z):B(x+10,y+10),C(x+20,y+20),A(x+y+z)       //E
    {  d=x; cout<<"调用类 D 构造函数\n"; }
    void show() {
        cout<<a<<'\t'<<b<<'\t'<<c<<'\t'<<d<<'\n';
    }
};
void main()
{
    B t1(1,2);
    D t2(1,2,3);
    t2.show();
}
```

程序分析

定义虚基类的方法是在定义派生类时，在基类的派生方式前或后用关键字 virtual 说明基类，如本例中的 A 行和 C 行。虚基类的直接派生类的构造函数中必须列出虚基类构造函数的调用，如 B 行和 D 行；并且产生直接派生类的对象时，会先调用虚基类的构造函数(输出第 1 行)，再执行派生类的构造函数体(输出第 2 行)。

虚基类的间接派生类的构造函数中必须列出其基类和虚基类构造函数的调用，如 E 行。

产生间接派生类的对象时，会先调用虚基类的构造函数(输出第 3 行)，然后调用其基类构造函数(输出第 4 行、和第 5 行，因为类 D 有类 B 和类 C 两个基类)，最后执行自身构造函数的函数体(输出第 6 行)。即虚基类构造函数是在类 D 中直接调用的，而不是通过类 B 或类 C 调用的，这从最后一行输出结果也可以看出(a=1+2+3=6，而不是 10+2 或 20+2)。

程序运行结果

```
调用类 A 构造函数
调用类 B 构造函数
调用类 A 构造函数
调用类 B 构造函数
调用类 C 构造函数
调用类 D 构造函数
6       11      21      1
```

综上所述，含有对象成员的派生类构造函数调用的基本过程是：首先调用虚基类的构造函数，存在多个虚基类时，按照被继承的顺序调用；其次调用基类的构造函数，存在多个基类时，按照被继承的顺序调用；然后调用对象成员的构造函数，当存在多个对象时，按照对象声明的顺序调用；最后执行派生类自己构造函数的函数体。析构函数的调用顺序通常与构造函数的调用顺序相反。

8.3　虚函数与多态性

C++语言的继承性是对已存在代码的扩展，其目的是代码复用。而多态性使得不同对象发出相同指令时，可以产生不同的行为。

8.3.1　静态与动态联编

联编是指程序自身彼此关联的过程，即将模块或者函数合并在一起，并分配调用的内存地址，生成可执行代码的处理过程。联编按照所处阶段的不同，分为静态联编和动态联编两种形式。

1. 静态联编

静态联编是指编译连接阶段的联编，即在程序开始运行之前的编译期间确定函数的调用地址，并生成代码。

【例 8-9】静态联编示例。

源程序代码

```
#include<iostream.h>
class A{
public:
    void f(){cout<<"A"; }
};
class B:public A{
public:
    void f(){cout<<"B";}
```

```
};
void fun(A &t){t.f();}
void main( )
{
    A t1,*p;
    B t2;
    fun(t2);
    p=&t2;
    p->f();
}
```

程序分析

程序运行时输出 AA，表明虽然调用 fun 函数的实参是类 B 的对象，指针 p 指向类 B 的对象，但其操作被关联到 A::f()，而不是 B::f()。因为 fun 函数的形参类型为类 A，指针 p 的类型也是类 A，在程序编译阶段，普通的成员函数 f 只能绑定到类 A 的成员上。

若需要根据具体的对象实现不同的操作，必须通过虚函数实现动态联编。

2. 动态联编

在编译阶段，系统不确定要进行的操作，而在程序执行时，根据具体的对象进行操作绑定，绑定所调用函数的地址，即在程序运行时进行联编，称为动态联编。

动态联编的灵活性高于静态联编，但运行效率不如静态联编，且必须依靠具有动态联编特性的虚函数才能实现。

8.3.2 虚函数与动态多态性

1. 虚函数

虚函数是在类中被声明为 virtual 的非静态成员函数。在编译基类指针或对象引用调用的虚函数时进行动态联编，即根据指针(或引用)指向的具体对象来决定是调用基类成员，还是调用派生类中的新增成员。类体中定义虚函数的一般格式如下：

```
virtual 函数类型 函数名(形参列表)
{
    函数体
}
```

虚函数也可以在类体中说明，在类体外定义。

类体中说明的一般格式如下：

```
virtual 函数类型 函数名(形参列表);
```

类体外定义的一般格式如下：

```
函数类型 类名::函数名(形参列表)
{
    函数体
}
```

类体中说明虚函数时，必须用关键字 virtual 说明函数的虚特性，而在类体外定义时不能再次用 virtual 说明。

虚函数具有遗传性，即基类中的虚函数继承到派生类中仍然是虚函数。虚函数具有不确定性，所以不能将构造函数定义为虚函数，但可以将析构函数定义为虚函数。这是因为构造函数是用来建立对象的，必须确定且唯一，而虚析构函数可以保证动态派生类对象的正确释放。

2. 实现动态多态性的方法

多态性是指发出同样的消息，被不同类型的对象接收时，可能导致不同的行为。多态性分为静态多态性和动态多态性两种类型，其区别是静态联编和动态联编，主要有以下 3 种形式。

(1) 函数重载。重载函数的参数列表不同，编译器会根据函数的参数，在编译时将同名的函数与不同的函数入口地址绑定，从而解决同名函数的调用。

(2) 运算符重载(见第 9 章)。运算符重载的本质是函数重载，即根据操作数(运算符的参数)进行地址绑定，调用不同的函数，实现不同的操作。

函数重载和运算符重载都属于静态联编，即在编译时绑定函数调用的入口地址，称为编译多态性或静态多态性。

(3) 动态多态性。动态多态性属于动态联编，即在编译时不确定函数调用的入口地址，而是在运行时根据不同类型的对象绑定函数调用的入口地址，也称为运行多态性。动态多态性通常是通过基类的指针或引用调用虚函数实现的，调用的一般格式如下：

```
基类指针变量名- >虚函数名(实参列表)
```

或

```
基类对象引用名. 虚函数名(实参列表)
```

【例 8-10】设计程序，通过虚函数实现动态多态性。

源程序代码

```
#include<iostream.h>
class Base{
public:
    virtual void f(){cout<<"调用类 Base 中的 f 函数\n";}
};
class Derived:public Base{
public:
    void f(){cout<<"调用类 Derived 中的 f 函数\n";}
};
void fun(Base &t){ t.f();}
void main( )
{
    Base t1,*p;
    Derived t2;
    p=&t1;  p->f();             //A
    fun(t2);                    //B
    p=&t2;  p->f();             //C
```

```
}
```

程序分析

类 Derived 有两个 f 函数，一个是从基类 Base 中继承来的(Base::f)，另一个是类 Derived 中新增的(Derived ::f)。A 行和 C 行，函数 f 的调用形式是相同的，编译时产生相同的中间代码，且函数 f 是虚函数，所以编译时无法绑定函数的调用地址。运行时，根据基类指针 p 指向的不同类型对象绑定不同的函数调用地址，从而产生不同的行为。A 行的 p 指向基类对象，绑定基类函数地址，调用 Base::f；C 行的 p 指向派生类对象，绑定派生类函数地址，调用 Derived::f。B 行调用 fun 函数时，形参为基类对象的引用，即将实参 t2 中的派生成员重新命名为 t。此时，由于通过对象 t 调用的是虚函数，同样进行动态联编，故调用 Derived::f。

程序运行结果

```
调用类 Base 中的 f 函数
调用类 Derived 中的 f 函数
调用类 Derived 中的 f 函数
```

比较动态联编和静态联编，当基类指针指向派生类对象时，如果指针所调用的函数是虚函数，则调用派生类中新增的函数；如果指针所调用的函数是非虚函数，则调用从基类继承来的函数。

虚函数是实现多态性的基础，是实现动态联编的必要条件之一，但仅有虚函数不一定能实现动态联编。动态联编必须同时满足下列要求。

(1) 存在具有继承关系的类。在基类中将动态联编的行为定义为虚函数，并在派生类中重新定义虚函数的实现，即重新定义虚函数的函数体。

(2) 派生类中的虚函数与基类中对应的虚函数具有相同的名称、参数和返回值。

(3) 通过基类的指针或基类对象的引用调用虚函数实现。

如果不能满足以上所有条件，派生类中的虚函数将丢失虚特性，在调用时进行静态联编。

【例 8-11】 分析下列程序的输出结果。

源程序代码

```
#include <iostream.h>
class Base{
protected:
    int a,b,c;
public:
    Base(int x,int y,int z)
    {
        a=x;
        b=y;
        c=z;
    }
    void f1( ){cout<<"Base::a="<<a<<endl;}
    virtual void f2( ){cout<<"Base::b="<<b<<endl;}
    virtual void f3( ){cout<<"Base::c="<<c<<endl;}
```

```
};
class Derived:public Base{
    int x,y,z;
public:
    Derived(int a,int b,int c):Base(10+a,10+b,10+c)
    {
        x=a;
        y=b;
        z=c;
    }
    void f1( ){cout<<"Derived::x="<<x<<endl;}
    void f3(int){cout<<"Derived::z="<<z<<endl;}
};
void main( )
{
    Derived t(1,2,3);
    Base *p=&t;
    p->f1( );
    p->f2( );
    p->f3( );
}
```

程序分析

本例中的 f1 函数不是虚函数，不能进行动态联编，主函数中调用的 f1 函数是基类继承到 t 中的派生成员。因为对于非虚函数来说，基类的指针虽然指向了派生类的对象，但只能调用派生类中从基类继承来的派生成员。

基类中的 f2 函数虽然是虚函数，但在派生类中没有重新定义，即派生类中只有一个从基类继承来的 f2 函数，因此无法进行动态联编。与此相似，派生类中同样没有重新定义基类的 f3 函数。派生类中定义的 f3 函数与基类的 f3 函数的参数不同，它们是重载关系，主函数中调用的是没有参数的 f3 函数，根据重载函数调用规则，该函数是从基类继承来的。所以，主函数中调用的函数都是从基类继承到 t 中的派生成员。

程序运行结果

```
Base::a=11
Base::b=12
Base::c=13
```

8.3.3 纯虚函数与抽象类

1. 纯虚函数

纯虚函数是 C++语言提供的一个可以被子类改写的接口，但其本身不能被调用。因为它只是在基类中声明的虚函数，并没有定义，即在基类中无函数体，只有在派生类中定义实现方法(函数体)后才能被调用。定义纯虚函数的一般格式如下：

```
virtual 函数类型 函数名(形参列表)=0;
```

2. 抽象类

不能用含有纯虚函数的类创建对象，因为该类的定义是不完整的。这种不能产生对象的类称为抽象类。

C++语言的创始人 Bjarne Stroustrup 甚至提出了纯抽象类的概念，即只含有纯虚函数(不包含任何数据成员)的类，它是抽象类的最基本形式。在程序设计的过程中，基类有时是不应该产生对象的。例如，图形作为基类可以派生出圆、矩形等具体的类型，从而绘制出各种圆、矩形等对象，但图形本身产生对象是不合逻辑的。由此可见，抽象类虽然不能够产生对象，但可以作为基类派生出能产生对象的类。

3. 纯虚函数实现动态多态性

若在派生类中重写从抽象类继承来的纯虚函数的函数体，该函数便成为普通的虚函数，派生类就可以产生对象。重写后的虚函数同样可以实现动态多态性。

【例 8-12】设计程序通过纯虚函数实现动态多态性，具体要求如下。

(1) 定义表示图形抽象类 Graph，其中求面积的函数 area 为纯虚函数。

(2) 由图形类 Graph 派生出圆类 Circle，新增数据成员 r 作为圆的半径，并重写求面积的函数 area。

(3) 由圆类 Circle 派生出矩形类 Rectangle，派生成员 r 和新增数据成员 h 作为矩形的边长，并重写求面积的函数 area。

源程序代码

```
#include<iostream.h>
class Graph{
public:
    virtual void area()=0;
};
class Circle:public Graph{
protected:
    double r;
public:
    Circle(double x){ r=x; }
    void area()
    {
        cout<<"半径为"<<r;
        cout<<"的圆面积为"<<3.14*r*r<<endl;
    }
};
class Rectangle:public Circle{
    double h;
public:
    Rectangle(double x,double y): Circle(x)
    {       h=y;     }
    void area() {
        cout<<"边长为"<<r<<"和"<<h;
        cout<<"的矩形面积为"<<r*h<<endl;
```

```
    }
};
void main()
{
    Graph *p;
    Circle c(10);
    p=&c; p->area();
    Rectangle r(4,5);
    p=&r; p->area();
}
```

程序分析

类 Graph 中的纯虚函数 area 继承到类 Circle 中，再继承到类 Rectangle 中皆为虚函数，可实现运行的多态性。由于类 Graph 含纯虚函数 area，故是抽象类，不能定义对象，但可以定义指针 p 和引用对象。

虽然类 Graph 只是一个不能产生对象的抽象类，但其定义是不能省略的，因为运行的多态性必须依靠基类的指针或基类的引用对象才能实现。同样不能省略类 Graph 中没有函数体的纯虚函数 area，因为 p 作为类 Graph 的指针，形式上必须指向类 Graph 的成员，即基类指针指向派生类对象时，虽然调用的是派生类中新增加的虚函数，但基类中必须有同名同参的虚函数。

习　题

1. 教师月工资的计算公式为：基本工资+课时补贴。教授的基本工资为 5000 元，补贴为 50 元/课时；讲师的基本工资为 3000 元，补贴为 20 元/课时。设计一个程序求教授和讲师的月工资，具体要求如下。

(1) 定义教师类 Teacher 作为基类，包含数据成员姓名、月工资和月授课时数，以及构造函数(初始化姓名和月授课时数)、输出数据成员的函数。

(2) 定义类 Teacher 的公有派生类 Professor 表示教授，公有派生类 Lecturer 表示讲师，并分别计算其月工资。

(3) 在主函数中对定义的类进行测试。

2. 设计一个程序求两点间的距离，具体要求如下。

(1) 定义表示平面直角坐标系中点的类 Point 作为基类，包含数据成员横坐标和纵坐标，初始化坐标的构造函数，以坐标形式输出一个点的输出函数。

(2) 定义类 Point 的公有派生类 Distance，新增 Point 类对象 p，与从 Point 继承来的数据成员构成两个点，以及表示两点间距离的数据成员；求两点间距离的成员函数，输出两个点的函数。

(3) 在主函数中对定义的类进行测试。

3. 设计一个程序，求正方形和长方形的周长，具体要求如下。

(1) 定义正方形类 Square 作为基类，包含数据成员边长，以及构造函数、求正方形周长的虚函数、输出函数。

(2) 定义类 Square 的公有派生类 Rectangular，新增一条边长，与派生成员共同作为长方形边长，以及求长方形周长和输出数据成员的函数。

(3) 在主函数中对定义的类进行测试，用基类的指针实现动态联编。

4. 设计一个程序输出汽车信息，具体要求如下。

(1) 定义汽车类 Auto 作为抽象类，包含车牌号、车轮数等数据成员，以及构造函数、输出车辆信息的纯虚函数。

(2) 定义类 Auto 的公有派生类 Car 表示小客车，新增荷载人数，重新定义输出函数。

(3) 定义类 Auto 的公有派生类 Truck 表示货车，新增荷载吨位，重新定义输出函数。

(4) 在主函数中对定义的类进行测试，用基类对象的引用实现动态联编。

第 9 章　友元函数与运算符重载

为了满足数据的安全性需要，程序设计时通常将一些关键成员设为私有访问特性，只允许类的成员函数直接访问，而类的外部函数是无法直接访问的。如果希望类的外部函数可以直接访问，必须将成员的访问特性设为公有的，这又破坏了类的封装性。C++语言通过友元提供从类的外部直接访问类中所有访问权限成员的接口。

9.1　友元函数与友元类

类的友元包括友元函数和友元类，友元虽然不是类的成员，但将另一个类或外部函数声明为一个给定类的友元，就可以使它们具有类成员函数的访问权限。

9.1.1　友元函数

友元函数可以在类体中直接定义。类体中定义友元函数的一般格式如下：

```
friend  函数类型  函数名(形参列表)
{
    函数体
}
```

此外，还可以在类体内进行原型说明，在类体外定义。在类体外定义函数体时，函数类型前不能有关键字 friend，同时函数名前也不能加类名和作用域运算符，因为友元函数是外部函数，而不是类的成员函数。

友元函数在类体中说明的一般格式如下：

```
friend  函数类型  函数名(形参列表);
```

友元函数在类体外定义的一般格式如下：

```
函数类型  函数名(形参列表)
{
    函数体
}
```

【例 9-1】设计程序求圆柱体的体积。

源程序代码

```
#include<iostream.h>
const double PI=3.1415;
class A{
    float r,h;
    friend float v1(A &);                    //友元函数 v1 的原型说明
public:
```

```
        A(float a,float b){r=a; h=b;}
        float v2( ){return PI*r*r*h;}
        float getr(){return r;}
        float geth(){return h;}
        friend void show(A *p)                    //友元函数 show 在类体中定义
        {cout<<PI*(p->r)*(p->r)*(p->h);}
    };
    float v1(A &a)                                //友元函数 v1 在类体外定义
    {  return PI*a.r*a.r*a.h; }                   //直接访问私有成员
    float v3(A b)                                 //普通函数
    {  return PI*b.getr()*b.getr()*b.geth(); }    //通过公有成员函数间接访问私有成员
    void main()
    {
        A a1(25,40);
        cout<<v1(a1)<<"\n";                       //友元函数的调用
        cout <<a1.v2( )<<"\n";                    //成员函数的调用
        cout<<v3(a1)<<"\n";                       //普通函数的调用
        show(&a1);                                //友元函数的调用
    }
```

程序分析

本例分别用友元函数 v1 和 show、成员函数 v2 和普通函数 v3 求圆柱体的体积。由于友元函数不是类的成员函数，所以在函数体内必须通过对象或指向对象的指针访问成员，可以通过形参带入要访问的对象或指针。如 v1 函数的形参是类 A 对象的引用 a，在函数体内可以通过成员运算符来访问 a 的私有成员 r 和 h。友元函数 show 在类体内定义，通过指向 a1 的指针变量访问 a1 的私有成员，输出圆柱体的体积。

友元函数是可以访问类中所有权限成员的外部函数。比较函数 v1 和 v2，友元函数具有成员函数的访问权限，但使用不同的调用形式；再比较友元函数 v1 与普通函数 v3，它们具有相同的调用形式，但对成员具有不同的访问权限。

程序运行结果

```
78537.5
78537.5
78537.5
78537.5
```

使用友元函数需要注意以下几点。

(1) 由于友元函数不是类的成员，故类的访问控制权限对友元函数不起作用，即友元函数的声明出现在类中任何地方的效果是相同的。

(2) 由于友元函数是外部函数，没有 this 指针，友元函数访问类的成员时，必须指明成员所属的对象。所以友元函数的形参通常是类的对象、对象的引用或指针。

(3) 友元函数应该直接调用不能通过对象调用。

(4) 使用友元函数可提高程序的运行效率，但它破坏了类的封装性，应谨慎使用。

(5) 友元关系不具有继承性，如外部函数 f 是基类 A 的友元函数，类 C 是类 A 的派生类，而 f 不是类 C 的友元函数。

9.1.2　友元类

C++语言允许将一个类说明为另一个类的友元类，如在类 C 中将类 B 说明为友元，则类 B 称为类 C 的友元类。即友元类 B 的所有成员函数均为类 C 的友元函数。

【例 9-2】设计一个类作为另一个类的友元类。

源程序代码

```
#include<iostream.h>
class C;                                        //类 C 的原型说明
class B{
    public:
        void sub(C &t);                         //A
        void show(C t);                         //B
};
class C{
        int a , b;
    public :
        C(int x , int y){a=x; b=y;}
        friend class B;                         //C,说明类 B 为友元
};
void B::sub(C &t)
{
        t.a--;                                  //D
        t.b--;                                  //E
}
void B::show(C t){cout<<t.a<<'\t'<<t.b<<'\n';} //F
void main( )
{
        B b1;
        C c1(30 , 40);
        b1.show(c1);
        b1.sub(c1);
        b1.show(c1);
}
```

程序分析

由于 A 行、B 行使用了类 C，故在使用它之前应给出类 C 的原型说明，并且程序中所有用到类 C 的对象的成员函数只能在类 C 之后定义(如程序中的 A 行和 B 行函数)。程序在 C 行将类 B 说明为类 C 的友元类，表示类 B 的所有成员函数均为类 C 的友元函数，如 sub 函数和 show 函数。类 B 的成员函数可以通过它的形参访问类 C 的私有数据成员，如程序中的 D、E、F 行。友元关系不是可逆的，即类 B 是类 C 的友元类，并不表示类 C 也为类 B 的友元类。

程序运行结果

```
30      40
29      39
```

9.2　运算符重载

对象作为构造类型变量，通常只能进行同类型之间的赋值，而不能与基本类型一样参与其他运算。同类型对象之所以可以相互赋值，是因为系统预先重载了赋值运算符。若要使对象也能参与算术运算、关系运算等，必须重载这些运算符。例如，通过对加法、乘法运算符的重新定义，可以完成两个复数对象或者两个分数对象之间的加法、乘法运算，实现同一运算符根据不同的数据类型完成不同的操作，从而增强C++语言的功能。

对运算符的重新定义，称为运算符重载。运算符重载的实质是定义运算符重载函数，通过对象成员的运算实现对象的运算。为了便于操作所有访问权限的成员，该函数通常是类的成员函数或者是友元函数。

(1)用类的成员函数重载时，重载函数在类体中定义的一般格式如下：

```
函数类型 operator 运算符(形参列表)
{
    对象成员运算
}
```

(2)用类的友元函数重载时，重载函数在类体中定义的一般格式如下：

```
friend  函数类型 operator 运算符(形参列表)
{
    对象成员运算
}
```

关键字 operator 与其后的运算符构成运算符重载函数的函数名。当然重载函数也可以在类体中给出原型说明，而在类体外定义。

重载运算符时需要注意以下几点。

(1)C++语言中大多数运算符都可以重载，但下列运算符不能重载，主要包括：成员运算符“•”、指针运算符“*”、作用域运算符“::”、条件运算符“?:”、求字节长度运算符 sizeof。

(2)C++语言中规定大多数运算符既可以用成员函数重载，也可以用友元函数重载。但有些运算符只能用成员函数重载，如赋值运算符“=”、数组下标运算符“[ ]”、函数调用运算符“()”和指针访问成员运算符“->”；而有些运算符只能用友元函数重载，如插入运算符“<<”和提取运算符“>>”。

(3)运算符重载不能改变运算符的优先级、操作数的个数和结合性等基本性质。

(4)重载运算符是重新定义已有运算符的操作规则，不能创建新的运算符。

【例 9-3】负号运算符重载示例。

程序设计

定义一个复数类，设计两个私有数据成员，分别表示复数的实部和虚部。用成员函数重载负号运算符“-”，负号运算符是一元运算符，函数形参个数为 0 个。在重载函数体中定义一个局部对象，保存负号运算的结果，运算完毕后，函数返回该局部对象的值。

源程序代码

```
#include<iostream.h>
```

```
class Com{
    float real,image;
public:
    Com(float r=0,float i=0){real=r; image=i;}
    Com operator-( );
    void print(){cout<<"real="<<real<<"\nimage="<<image<<endl;}
};
Com Com::operator-()
{
    Com t;
    t.real=-real;                    //A
    t.image=-image;                  //B
    return t;
}
void main()
{
    Com c1(25,50),c2;
    c2=-c1;                          //C,编译器解释为 c2=c1.operator-();
    c1.print();
    c2.print();
}
```

程序分析

本例中的类 Com 中定义了成员函数 operator-，该函数是无参函数，函数返回值类型是 Com 类类型。主函数中没有显式地写出函数调用语句，只对 c1 对象进行负号运算，即–c1。实际上，运算符重载函数是系统自动调用的，执行 C 行时，编译器先将–c1 解释为 c1.operator–()；再将函数的返回值赋给对象 c2。

对象 c1 调用运算符重载函数时，缺省使用的 real 和 image 是 this 所指向的对象，即当前对象 c1 的实部和虚部，如 A 行和 B 行。对象 t 是局部对象，将对象 c1 的 real 和 image 分别进行负号运算后赋给对象 t 的实部和虚部(t.real 和 t.image)。对象 t 用来保存运算结果，最后由 return 语句返回对象 t 的值。

程序运行结果

```
real=25
image=50
real=-25
image=-50
```

虚函数可以在运行阶段实现动态多态性，而运算符重载是通过操作数的不同类型调用运算符重载函数的，属于编译时的多态性，又称静态多态性。

9.3　一元运算符重载

C++语言允许重载的一元运算符有自增运算符“++”、自减运算符“– –”、负号运算符“–”

和逻辑非运算符“!”等，它们都可以用成员函数和友元函数重载。

9.3.1　用成员函数重载一元运算符

用成员函数重载一元运算符时，重载函数通常不需要形参，通过 this 指针完成对当前对象的运算。

与其他一元运算符不同的是，自增和自减运算符有前置和后置之分，因此重载后置自增或自减运算符时，在定义重载函数时加一个标识参数 int，该参数仅用做区分函数，没有实际意义。

(1) 前置自增。前置自增运算符用成员函数重载的一般格式如下：

```
函数类型 operator++()
{
    函数体
}
```

(2) 后置自增。后置自增运算符用成员函数重载的一般格式如下：

```
函数类型 operator++(int)
{
    函数体
}
```

用成员函数重载自减运算符“– –”的使用方法与“++”类似。

【例 9-4】 用成员函数重载自增运算符示例。

源程序代码

```
#include<iostream.h>
class A{
    int m,n;
public:
    A(int x=0,int y=0){m=x; n=y;}
    A operator++( ){                //成员函数重载前置++,类体中定义
        ++m; ++n;                   //A
        return *this;               //B
    }
    A operator++(int);              //成员函数重载后置++,类体中说明,类体外定义
    void print( )
    { cout<<"m="<<m<<"\tn="<<n<<'\n'; }
};
A A::operator++(int){
    A t=*this;                      //C
    ++m; ++n;                       //也可以调用已定义的前置++重载函数,写成++(*this);
    return t;
}
void main( )
{
```

```
    A a1(1,2),a2(10,20),a3,a4;
    a3=++a1;                    //D,编译器解释为 a3=a1.operator++( );
    a4=a2++;                    //E
    cout<<"a1:\t";a1.print( );
    cout<<"a3:\t";a3.print( );
    cout<<"a2:\t";a2.print( );
    cout<<"a4:\t";a4.print( );
}
```

程序分析

程序中使用了成员函数重载"++"运算符，前置运算在类体中定义，后置运算在类体中说明，在类体外定义。

实现前置"++"的重载函数中，将自增后的对象作为返回值。因为是用成员函数重载的。D 行中对象 a1 调用了前置自增重载函数，使得 A 行中的数据成员 m 和 n 自增，即对象 a1 的数据成员自增。由于隐含的 this 指针指向当前对象 a1，所以在 B 行返回*this 的值，即返回自增后对象 a1 的值。

E 行中对象 a2 调用了后置自增重载函数。在定义后置"++"的重载函数时，C 行先将自增前的对象*this 保存在局部对象 t 中，然后当前对象自增，最后返回自增前的对象。

程序运行结果

```
a1:     m=2     n=3
a3:     m=2     n=3
a2:     m=11    n=21
a4:     m=10    n=20
```

9.3.2 用友元函数重载一元运算符

用友元函数重载一元运算符时，由于友元函数是外部函数，没有 this 指针，所以重载函数需要用一个对象作为形参来传递操作对象。为了将操作结果从运算符重载函数带回主函数，重载函数的参数不能是值传递，而应是引用传递。

用友元函数重载后置自增或自减运算符时，同样必须增加一个标识参数 int，以示与前置自增或自减的区别。

【例 9-5】自减运算符的重载示例。

源程序代码

```
#include<iostream.h>
class A{
    int m,n;
public:
    A(int x=0,int y=0)  { m=x;  n=y; }
    friend A operator--(A &t)        //友元函数重载前置--,类体中定义
      { --t.m;   --t.n;   return t; }
    friend A operator--(A &t,int);  //友元函数重载后置--,类体中说明,类体外定义
    void print( )
    { cout<<"m="<<m<<"\tn="<<n<<'\n'; }
```

```
};
A operator--(A &t,int){
    A temp=t;                          //A
    --t.m;   --t.n;                    //B
    return temp;
}
void main( )
{
    A a1(1,2),a2(10,20),a3,a4;
    a3=--a1;                           //C,编译器解释为 a3=a1.operator--(a1);
    a4=a2--;
    cout<<"a1:\t";a1.print( );
    cout<<"a3:\t";a3.print( );
    cout<<"a2:\t";a2.print( );
    cout<<"a4:\t";a4.print( );
}
```

程序分析

本例实现了用友元函数重载"--"运算符，其中前置运算在类体中定义，后置运算在类体中说明，类体外定义。

运算符重载函数是系统自动调用的，C 行中的对象 a1 作为实参传递给形参 t，因为是引用传递，形参 t 即为实参 a1 的另一个名字，故 t 的自减操作就是 a1 的自减运算。最后将自减后的对象作为函数的返回值，由于这里是用友元函数重载的，故没有 this 指针，即使用函数成员时必须指明成员所属的对象。

在定义后置"--"的重载函数时，应返回自减前对象的值。A 行先将当前对象的值保存在局部对象 temp 中，然后当前对象完成自减运算后(B 行)，最后函数返回自减前对象的值。

程序运行结果

```
a1:     m=0     n=1
a3:     m=0     n=1
a2:     m=9     n=19
a4:     m=10    n=20
```

【例 9-6】友元函数重载负号运算符示例。

源程序代码

```
#include<iostream.h>
class Com{
    float real,image;
public:
    Com(float r=0,float i=0){real=r;image=i;}
    friend Com operator-(Com);
    void print(){cout<<"real="<<real<<"\nimage="<<image<<endl;}
};
Com operator-(Com c)
```

```
{
    Com t;
    t.real=-c.real;
    t.image=-c.image;
    return t;
}
void main()
{
    Com c1(25,50),c2;
    c2=-c1;                              //编译器解释为 c2=operator-(c1);
    c1.print();
    c2.print();
}
```

程序分析

本例用友元函数重载负号运算符，函数有一个形参，为 Com 类的对象 c，实参 c1 将值传给形参 c 后，在函数体中将对象 c 的数据成员 real 和 image 进行负号运算后赋给局部对象 t，运算完毕返回对象 t 的值。

程序运行结果

```
real=25
image=50
real=-25
image=-50
```

用成员函数重载一元运算符时，操作对象是 this 指针所指的当前对象，故重载函数没有参数，调用该运算符重载函数的对象即为当前对象。而用友元函数重载一元运算符时，重载函数有一个参数。被操作的对象作为实参传递给重载函数的形参，形参一般为对象或对象的引用，分别为值传递或引用传递。

9.3.3　类型转换运算符重载

重载类型转换运算符可以将一个对象转换为另一种类型的数据。该重载函数必须是类的成员函数，没有参数，不能重载。重载类型转换运算符的一般格式如下：

```
operator 类型名()
{
    函数体
}
```

类型名是指转换后的类型，即函数的类型。关键字 operator 与类型名一起构成函数名。

【例 9-7】重载类型转换运算符示例。

源程序代码

```
#include<iostream.h>
class A{
```

```
    int a;
public:
    A(int x=0){a=x;}
    int geta( ){return a;}
    operator char*( )                         //转换函数,将当前对象转换成char*
    {
        int n=1,t=a;
        while(t=t/10)n++;
        char *s=new char[n+1];
        for(int i=n-1,t1=a ;i>=0 ;i--){
            s[i]=t1%10+'0';
            t1=t1/10;
        }
        s[n]='\0';
        return s;
    }
};
void main( )
{
    A a1(12345);
    cout<<"a1="<<a1.geta( )<<'\n';          //A
    char *str;
    str=a1;                                  //B
    cout<<"str="<<str<<'\n';
    delete []str;                            //C
}
```

程序分析

本例将对象 a1(实际上是 a1 的成员 a，即整数 12345)转换成字符串“12345”，用成员函数 operator char*实现转换，operator 和 char*构成了转换函数的函数名。B 行赋值运算的左操作数 str 是字符型指针，右操作数是对象 a1，它们的类型不一致，系统调用转换函数将对象 a1 的整型数据成员转换成字符串后进行赋值，A 行通过公有成员函数 geta 访问私有数据成员 a。C 行通过指针 str 释放转换函数中分配的动态内存(str 指向 a1，即转换函数中动态分配的内存空间 s)。

程序运行结果

```
a1=12345
str=12345
```

9.4　二元运算符重载

C++语言允许重载的二元运算符有赋值运算符、复合的赋值运算符、关系运算符和逻辑运算符等。下面介绍用成员函数和友元函数重载二元运算符的基本方法。

9.4.1　用成员函数重载二元运算符

用成员函数重载二元运算符时，运算符的左操作数一定是对象，这是因为要将其作为当前对象来调用重载函数。右操作数作为重载函数的实参，可以是对象、对象的引用，也可以是其他数据类型，如整型、实型。故用成员函数重载二元运算符时，重载函数有一个参数。

【例 9-8】加法运算符和复合的赋值运算符的重载示例。

源程序代码

```
#include<iostream.h>
class A{
    int a,b,c;
public:
    A(int x=0,int y=0,int z=0) {a=x; b=y; c=z;}
    A operator+(A t)
    {
        A temp;              //A
        temp.a=a+t.a;
        temp.b=b+t.b;
        temp.c=c+t.c;
        return temp;         //B
    }
    A operator+(int);
    void operator+=(A t){a+=t.a; b+=t.b; c+=t.c;}
    void print( )  {cout<<a<<'\t'<<b<<'\t'<<c<<'\n';}
};
A A::operator+(int s)
{
    A temp=*this;
    temp.a+=s;
    return temp;
}
void main( )
{
    A a1(1,2,3),a2(4,5,6),a3,a4;
    a3=a1+a2;                 //C 编译器解释为 a3=a1.operator+(a2);
    a4=a2+100;                //D 编译器解释为 a4=a2.operator+(100);
    a1+=a3;                   //E 编译器解释为 a1.operator+=(a3);
    a3.print( );
    a4.print( );
    a1.print( );
}
```

程序分析

用成员函数重载+运算符，操作结果是一个对象，重载函数的返回值类型为类 A。用成员函数重载“+=”运算符时，由于将操作结果直接赋给当前对象而无须返回，所以可以没有返回值。

C 行表达式中左操作数对象 a1 为 this 指针所指的当前对象，通过它调用重载函数，右操作数 a2 作为实参，并将值传给形参 t。A 行定义了局部对象 temp，然后对象 a1 的数据成员和对象 a2 的数据成员进行加法运算，运算结果保存在 temp 中，最后 B 行返回 temp。

D 行表达式通过对象 a2 调用形参为整型的成员重载函数，100 作为实参与对象 a2 的数据成员 a 相加，其他数据成员的值保持不变。

E 行以 a1 为当前对象，以 a3 为实参，调用成员重载函数直接修改 a1 的数据成员。

程序运行结果

```
5        7        9
104      5        6
6        9        12
```

由于 C++编译器会为每个类提供一个缺省的赋值运算符重载函数，故通常情况下，相同类型的对象之间可以相互赋值。但当对象的成员使用了动态内存时，即数据成员是指针成员，并指向 new 运算符动态申请的空间时，对象不能直接赋值。此时相互赋值会导致不同对象的成员使用相同的内存空间，当系统撤销对象并释放内存空间时会出现错误。所以，如果类的对象使用了动态内存，应重载赋值运算符。赋值运算符必须用成员函数重载。

【例 9-9】赋值运算符的重载示例。

源程序代码

```
#include<iostream.h>
#include<string.h>
class A {
    char *s;
public:
    A( ){ s=0; }
    A(char *p)
    {
        s=new char[strlen(p)+1];
        strcpy(s , p);
    }
    char* gets( ){return s;}
    ~A( ){if(s)delete [ ]s;}
    A &operator=(A &t)                //A
    {
        if(s) delete [ ]s;
        if(t.s){
            s=new char[strlen(t.s)+1];
            strcpy(s , t.s);
        }
        else  s=0;
```

```
        return *this;
        }
};
void main( )
{
    A a1, a2("String1"), a3("String2");
    a1=a2=a3;                              //B
    cout<<a1.gets( )<<'\n';
    cout<<a2.gets( )<<'\n';
}
```

程序分析

赋值运算符重载函数的返回值及参数都是对象的引用(A 行)。如果返回值不是对象的引用，在连续赋值时(B 行)会因不同对象成员使用了相同动态内存而引起错误。如果函数的参数是对象，参数传递方式是值传递，由于尚未重新定义赋值运算符重载函数，此时调用的仍是缺省的赋值运算符重载函数，将实参传递给形参时同样会导致运行错误。当对象的成员使用了动态内存时，复合赋值运算符的重载方法与赋值运算符类似。

程序运行结果

```
String2
String2
```

缺省的赋值运算符重载函数使赋值与被赋值对象的所有数据成员对应相等，若使它们不完全对应相等，也应重载赋值运算符。

9.4.2　用友元函数重载二元运算符

用友元函数重载二元运算符时，重载函数有两个参数。调用时，运算符的两个操作数都作为函数的实参，其中至少有一个操作数是对象或对象的引用，用于传递操作对象。

【例 9-10】加法运算符和复合赋值运算符的重载示例。

源程序代码

```
#include<iostream.h>
class A{
    int a,b,c;
public:
    A(int x=0 , int y=0 , int z=0){a=x; b=y; c=z;}
    friend void operator+=(A &t1, A t2);
    friend A operator+(A t1 , A t2 );
    void print( )
    {
        cout<<a<<'\t'<<b<<'\t';
        cout<<c<<'\n';
    }
};
void operator+=(A &t1 , A t2)
```

```
{
    t1.a+=t2.a;
    t1.b+=t2.b;
    t1.c+=t2.c;
}
A operator+(A t1 , A t2 )
{
    A t;
    t.a=t1.a+t2.a;
    t.b=t1.b+t2.b;
    t.c=t1.c+t2.c;
    return t;
}
void main( )
{
    A a1 , a2(1,2,3), a3;
    a1.print( );
    a3=a1+a2;                //A,编译器解释为 a3=operator+(a1,a2);
    a3.print( );
    a3+=a2;                  //B,编译器解释为 a3=operator+=(a3,a2);
    a3.print( );
}
```

程序分析

本例用友元函数重载加法运算符和复合赋值运算符。A 行表达式中的对象作为实参依次传递给运算符重载函数的形参，即 a1 传递给 t1，a2 传递给 t2，完成两个对象的相加。在函数体中定义局部对象 t，其成员接收对象 t1 和 t2 的 3 个数据成员分别相加后的值，最后返回局部对象 t。

复合赋值运算符“+=”的重载函数将两个参数相加后的值赋给第一个参数，带回主函数。因此，第一个参数应定义为对象的引用。

程序运行结果

```
0        0        0
1        2        3
2        4        6
```

用友元函数重载运算符与用成员函数重载运算符时，对象表达式相同，但函数调用方式不同，参数的个数不同，函数体中使用成员的方式也不同。用成员函数重载同一个运算符时，函数形参列表比用友元函数重载时少一个对象类型的参数。

习　题

1. 定义一个复数类，重载+、*、+=、!=四个运算符，分别实现两个复数之间的加法、乘法、复合赋值运算，以及判断两个复数是否相等的运算。

2. 定义一个字符数组类 String，通过成员函数重载“+=”运算符，通过友元函数重载“-=”运算符，实现两个数组的拼接，删除运算，具体要求如下。

(1) 定义构造函数，初始化私有数据成员(字符类型指针变量)。

(2) void operator+=(String &t)，实现数组对象的拼接运算。

(3) friend void operator-=(String &t1，String &t2)，从母串中删除子串，即从对象 t1 的数据成员中删除 t2 的数据成员。

(4) void print( )，输出字符数组。

(5) 定义析构函数，释放动态内存。

3. 定义一维数组类 Array，成员数组使用动态内存。重载自增和自减运算符实现数组元素值的自增和自减，具体要求如下。

(1) 私有数据成员 int *p，n 分别表示一维数组及其大小。

(2) 定义构造函数，初始化私有数据成员；定义析构函数用来释放动态内存。

(3) 用成员函数重载自增运算符(前置和后置形式)。

(4) 用友元函数重载自减运算符(前置和后置形式)。

(5) 定义 print 函数，完成数据成员的输出。

4. 重载运算符^实现数组各对应元素相乘方。例如：a[3]={ 2，2，2 }，b[3]={ 3，3，3 }，则 a^b={ 8，8，8 }。具体要求如下。

(1) 私有数据成员：

int a[3]，数据成员，存放数组。

(2) 公有成员函数：

构造函数，初始化数据成员；

友元函数重载运算符“^”；

void print()，输出数组成员的函数。

(3) 在主函数中定义对象 t1(以数组 a 作为参数)、t2(以数组 b 作为参数)和 t3(无参数)，通过语句“t3=t1^t2;”对类进行测试。

5. 定义一个数组类 Array，实现二维数组的旋转。通过重载正号运算符“+”，顺时针旋转 90°，通过重载负号运算符“−”，逆时针旋转 90°。具体要求如下。

(1) 私有数据成员：

int b[4][4]，数据成员，存放数组。

(2) 公有成员函数：

Array(int p[4][4])，构造函数，初始化数据成员；

void operator +( )，重载函数，使数组顺时针旋转 90°；

friend void operator-(Array &b)，重载函数，使数组逆时针旋转 90°；

void print()，输出数据成员。

(3) 对所定义的类进行测试，要求输出原始数组和旋转之后的数组。

第10章　模板和异常处理

在C++语言中，重载函数的调用是通过检查函数参数匹配的方法来进行的，即通过检查函数参数的类型或个数来确定要调用的函数。例如，为求两个数的较小值，可以通过定义MIN函数，实现求不同数据类型的最小值。这就需要对不同的数据类型分别定义不同的重载函数来实现。例如：

```
int MIN(int x, int y){return(x<y? x: y);}                    //函数1
float MIN( float x, float y){return(x<y? x: y);}             //函数2
double MIN(double x, double y){return(x<y? x: y);}           //函数3
```

此时若在主函数中定义字符型变量a和b，调用MIN函数将产生错误，因为没有定义形参为char类型的重载函数。

对上述MIN函数进行分析，发现它们具有相同的功能，即求两个数中的较小值。系统能否提供这样一种功能：只写一段代码，不考虑数据类型的差异？这样就能避免因重载函数定义不全面而带来的调用错误。为解决上述问题，C++语言引入了模板(template)的概念。

模板是实现代码重用的一种工具，它可以实现类型参数化，即将类型定义为参数，从而实现真正的代码可重用性。模板有两种，一种是函数模板，另一种是类模板。两种模板都不是实实在在的类或函数，而只是对类或函数的描述。

10.1　函数模板

函数模板可以生成通用的函数，这些函数能够接受任意数据类型的参数，可返回任意类型的值，而不需要对所有可能的数据类型进行函数重载时的匹配检查。

10.1.1　函数模板的定义

函数模板定义的一般格式如下：

```
template<typename  T>
函数类型 函数名(形参列表)
{
    函数体
}
```

template是关键字，表示声明一个模板；尖括号中不能为空，其中typename(或class)是类型参数说明关键字；T是类型参数，可以是一个，也可以是多个，如果多于一个，则每个形参前都要加关键字typename(或class)，且各类型形参间用逗号隔开。例如：

```
template<class T>
T GetMax(T a, T b){return(a>b?a:b);}
```

10.1.2　函数模板的使用

在定义了函数模板后，用户可以直接用实参代替函数模板定义中的参数，实现对该函数的调用，具体形式如下：

```
函数名(实参表);
```

编译器将根据用户给出的实参类型生成相应的重载函数，生成的重载函数称为模板函数，是一个实实在在的函数。例如：

```
#include<iostream.h>
template<class T>
T GetMax(T a, T b){return(a>b?a:b);}
void main()
{
        int i=5,j=6,K;
        float m=6.5, n=5.8,L;
        K=GetMax(i,j);
        L=GetMax(m,n);
        cout<<K<<endl;
        cout<<L<<endl;
}
```

在主函数中，调用了二次模板函数 GetMax，二次调用的参数类型是不一致的，而对于GetMax 函数的定义，并没有指明具体的数据类型，因此编译器将会自动确定每次调用使用什么类型的数据。

当模板函数只包括一种数据类型时，它的两个参数要求数据类型相同，否则将产生错误。例如：

```
int i;
long j;
k = GetMax(i, j);                    //错误
```

此时调用错误，因为函数等待的是接收两个相同类型的参数。系统允许模板函数接收两种或两种以上不同类型的数据。若定义函数模板：

```
template <typename T, typename U >
T GetMin(T a, U b){ return(a<b? a: b); }
```

此时函数 GetMin 可以接收两个不同类型的参数，两个不同类型的参数通过 T 和 U 来区分，结果将返回一个与第一个参数同类型的数据。在这种定义方式下，可以通过以下方式调用该函数：

```
int j;
longk;
i = GetMin<int, long>(j,k);
```

或者更简单地，用下列形式调用：

```
i = GetMin(j,k);
```

定义模板函数时，在 template 语句与函数模板定义语句之间不允许有其他语句。如下列的声明是错误的：

```
template <class T>
int i;
T min(T x,T y){
    函数体
}
```

模板函数类似于重载函数，但二者有很大区别：函数重载时，每个函数体内可以执行不同的操作，即函数体可以有不同的定义。但同一个函数模板实例化后都必须执行相同的操作，即只能执行该模板函数的函数体。

在 C++语言中，函数模板与同名的非模板函数重载时，遵循下列调用原则。

(1) 寻找一个与参数完全匹配的函数，若找到就调用它。若参数完全匹配的函数多于一个，则这个调用将是一个错误的调用。

(2) 寻找一个函数模板，若找到就将其实例化，生成一个匹配的模板函数并调用它。

(3) 若上面两条都失败，则使用函数重载的方法，通过类型转换产生参数匹配，若找到就调用它。

(4) 若上面 3 条都失败，即没有找到匹配的函数，则这个调用是一个错误的调用，系统将报错。

模板参数也可以设置缺省值，与设置函数参数缺省值的方法类似。例如：

```
template<class T =value>            //有一个默认值
```

【例 10-1】 利用函数模板设计一个函数 sort，实现对整数序列和字符序列从小到大排序。

程序设计

要在一个函数中对两种不同类型的数据排序，可采用函数模板。考虑到数据序列的存储，函数 sort 应有两个参数，一个是数据序列的首地址，另一个是数据序列的长度。

源程序代码

```
#include<iostream.h>
#include<string.h>
template<class T>                   //定义函数模板
void sort(T a[],int n)
{
    int i,j;
    cout<<"原序列为:";
    for(i=0;i<n;i++)
        cout<<a[i]<<'\t';
    cout<<endl;
    for(i=0;i<n-1;i++)
        for(j=i+1;j<n;j++)
```

```
            if(a[i]>a[j]){
                T k=a[i];
                a[i]=a[j];
                a[j]=k;
            }
    cout<<"排序后序列为:";
    for(i=0;i<n;i++)
        cout<<a[i]<<'\t';
    cout<<endl;
}
void main()
{
    int b[5]={7,5,2,8,1};
    char c[]="xkdwzeopb";
    sort(b,5);                    //函数模板的调用,数据类型为 int
    sort(c,strlen(c));            //函数模板的调用,数据类型为 char
}
```

程序运行结果

```
原序列为:7  5  2  8  1
排序后序列为:1  2  5  7  8
原序列为:x  k  d  w  z  e  o  p  b
排序后序列为:b  d  e  k  o  p  w  x  z
```

10.2 类 模 板

C++语言中可以通过定义类模板(class template)，使一个类具有通用类型的成员，而不需要在类生成时定义具体的数据类型。例如：

```
template<class T>
class AA{
    T  x, y;
public:
    AA(T a, T b){
        x=a;
        y=b;
    }
};
```

10.2.1 类模板的定义

定义类模板的一般格式如下：

```
template < typename T >
class 类名{
```

```
    成员列表
};
```

关键字 template · typename(或 class)和 T 与函数模板定义中的含义类似。

在类模板定义中，凡要采用类型参数 T 的数据成员、成员函数的参数或函数类型前都要加上类型标识符 T。如果类中的成员函数要在类外定义，则它必须是函数模板。其定义的一般格式如下：

```
template<typename T>
函数类型 类名<T> :: 成员函数名(形参列表)
{
    函数体
}
```

类模板使类中的数据成员和成员函数的参数或返回值可以取任意数据类型。它不是一个具体的类，而是代表着一簇类，是这一簇类的统一模式。使用类模板就是要将它实例化为具体的类。

【例 10-2】定义一个包含两个私有数据成员、一个构造函数和一个输出函数的类模板。

源程序代码

```
template<typename T1, typename T2>          //A
class AA{
private:
    T1 i;                                   //B
    T2 j;
public:
    AA(T1 a,T2 b);
    void print( );
};
template <typename T1, typename T2>         //C
AA<T1,T2>:: AA(T1 a, T2 b): i(a), j(b){ }   //D
template <typename T1, typename T2>
void AA<T1,T2>:: print( ){cout<<"i="<<i<<", j="<<j<<endl;}
```

程序分析

程序中的 A 行为定义类模板，语句后面不能加分号，因为它要和下面的类定义构成一个整体；B 行定义了类的一个私有数据成员 i；C 行和 D 行合在一起在类体外定义 AA 类的构造函数 AA，print 函数前的函数模板定义不能少。

10.2.2　类模板的使用

将类模板的模板参数实例化后生成的具体类就是模板类，模板类是一个实实在在的类。利用类模板可以产生多种不同的模板类。如利用例 10-2 中的类模板 AA，可以生成以下模板类：

```
AA<int,int>;                //第一个参数是 int 型，第二个参数也是 int 型
AA<int,char>;               //第一个参数是 int 型，第二个参数是 char 型
```

```
AA<AA<int, float>, char>    //第一个参数具有AA类的类型,第二个参数是char型的
AA<int *,int>               //第一个参数是整型指针,第二个参数是int型
```

有了确定类型的模板类后，就能利用它来创建类的实例，即产生类的对象。其定义的一般格式如下：

```
类名<类型实参列表> 对象名1(实参列表1),对象名2(实参列表2),…,对象名n(实参列表n);
```

类名<类型实参表>为实例化的模板类。系统会先创建一个具体的模板类，再生成该模板类(具体类)的对象。

【例 10-3】定义例 10-2 中的模板类并生成对象，在主函数中完成对相关成员函数的调用测试。

源程序代码

```
void main()
{
    AA<int,int> a1(3,5);                //实例化模板类并生成a1对象
    a1.print();                         //调用a1对象的成员函数print
    AA<int,char> a2(4,'a');
    a2.print();
    AA<double,int> a3(2.9,10);
    a3.print();
}
```

程序运行结果

```
i=3,j=5
i=4,j=a
i=2.9,j=10
```

【例 10-4】设计一个复数类模板 Complex，其私有数据成员 real 和 image 的类型未知且不一定相同，相关函数的具体要求如下。

(1)构造函数，要求设置缺省值 0。

(2)输出函数 show，要求按复数的标准形式输出。

(3)成员函数 add，求两个复数的和。

(4)友元函数重载运算符–，求两个复数的差。

(5)在主函数中定义模板类对象，分别以 int 和 double 实例化类型参数来测试复数类模板。

程序设计

从该复数类模板 Complex 的两个私有数据成员 real 和 image 的类型未知且不一定相同可知，模板有两个不相同的参数，应设置如下模板参数：

```
template<class T1,class T2>;
```

在定义构造函数时要有缺省参数，所以构造函数声明如下：

```
Complex(T1 x=0,T2 y=0);
```

对输出函数 show 的定义应考虑到复数的输出形式，故可以先对 real 和 image 的值进行判

断，再决定输出形式。

对于 add 函数，应考虑到其参数类型也应该是一个对象，因此，在定义该对象时，要注意对定义的类模板进行实例化，形式如下：

```
Complex add(Complex<T1,T2> a);              //函数的返回值也应为类的对象
```

对于友元函数重载运算符-，参数表也应有两个参数，并且这两个参数也要进行实例化，例如：

```
friend Complex operator-(Complex<T1,T2> b, Complex<T1,T2> c);
```

在类的外部定义成员函数时，要注意类模板的成员函数定义与普通类成员函数定义的区别，特别是在函数体内定义对象时，要对类模板进行实例化，否则将出错。

源程序代码

```
#include<iostream.h>
template<class T1,class T2>
class Complex{
    T1 real;
    T2 image;
public:
    Complex(T1 x=0,T2 y=0);
    Complex add(Complex<T1,T2> a);
    friend Complex operator-(Complex<T1,T2> b, Complex<T1,T2> c);
    void show();
};
template<class T1,class T2>
Complex<T1,T2>::Complex(T1 x,T2 y){
    real=x;
    image=y;
}
template<class T1,class T2>
Complex<T1,T2> Complex<T1,T2>::add(Complex<T1,T2> a){
    Complex<T1,T2> t1;
    t1.real=real+a.real;
    t1.image=image+a.image;
    return t1;
}
template<class T1,class T2>
Complex<T1,T2> operator-(Complex<T1,T2> b, Complex<T1,T2> c){
    Complex<T1,T2> t2;
    t2.real=b.real-c.real;
    t2.image=b.image-c.image;
    return t2;
}
```

```
template<class T1,class T2>
void Complex<T1,T2>::show(){
    if(real){
        cout<<real;
        if(image>0) cout<<"+"<<image<<"i"<<endl;
        else if(image<0)cout<<image<<"i"<<endl;
        }
    else cout<<image<<"i"<<endl;
}
void main()
{
    Complex<int,int>i(2,3),k;
    Complex<int,double>j(4,5.2),m(1,2.6),n;
    k=i.add(i);
    k.show();
    n=j-m;
    n.show();
}
```

程序运行结果

```
4+6i
3+2.6i
```

10.2.3　类模板的继承与派生

类模板作为一种特殊的类，也可以有自己的派生类，与普通类的派生一样，类模板的派生也有公有派生、私有派生和保护派生 3 种方式，相关类成员的访问方法与原则与普通类的继承与派生一致，例如，派生类不能访问基类的私有成员等，并且定义派生类的格式与普通类也是相似的，但要注意以下两点。

(1) 在声明模板继承之前，必须重新声明该模板，否则系统将报错。

(2) 类模板的成员函数不能声明为虚函数。

在派生与继承的过程中，基类和派生类都有可能是类模板，或者是经过实例化的类模板。

1. 类模板继承普通类

基类为普通类，派生类为类模板。此时可以用一个普通类为类模板提供一种共同实现的方法。

【例 10-5】 设计一个普通类 Point，再设计一个继承 Point 类的类模板 Line，利用成员函数求 Line 类实例化为 int, double 类型时的长度，并设计相应的输出函数进行测试。

程序设计

(1) 首先定义一个普通类 Point，如果两个数据成员访问权限均为 private，考虑到在派生类中的访问，所以在 Point 类中要定义两个公有成员函数 getx 与 gety，实现对基类中私有数据在派生类中的访问。

(2)类模板 Line 的定义形式如下：

```
template<typename T>
class Line: public Point{
    …
}
```

(3)在主函数中定义 Line 类的对象时，首先要进行类模板的实例化，形式如下：

```
Line<int> m(1,2,3,4);
```

对象定义后，其成员函数的访问与普通类成员函数的访问方法类似。

源程序代码

```
#include<iostream.h>
#include<math.h>
class Point{
    int x1;
    int y1;
public:
    Point(int i=0,int j=0){
        x1=i;
        y1=j;
    }
    void show(){
        cout<<"起点为:("<<x1<<","<<y1<<")"<<"\t";
    }
    int getx(){return x1;}
    int gety(){return y1;}
};
template<typename T>
class Line:public Point{
    T x2,y2;
public:
    Line(T c1,T c2,int c3,int c4):Point(c3,c4){
        x2=c1;
        y2=c2;
    }
    T Length(){
        T k=sqrt((x2-getx())*(x2-getx())+(y2-gety())*(y2-gety()));
        return k;
    }
    void show(){
        Point::show();
        cout<<"终点为:("<<x2<<","<<y2<<")"<<endl;
    }
};
```

```
void main()
{
    Line<int>m(1,2,3,4);
    m.show();
    cout<<"两点的距离为:"<<m.Length()<<endl;
    Line<double>n(2.4,5.2,1,8);
    n.show();
    cout<<"两点的距离为:"<<n.Length()<<endl;
}
```

程序运行结果

```
起点为:(3,4)      终点为:(1,2)
两点的距离为:2
起点为:(1,8)      终点为:(2.4,5.2)
两点的距离为:3.1305
```

2. 普通类继承模板类

基类为模板类，派生类为普通类。模板类可以产生不同实例，而普通类只能继承一个确定的类，即继承一个实例。

【例 10-6】 设计一个类模板 Point，再设计一个继承 Point<int>类的 Line 类，用来输出两个点的值，并在主函数中进行测试。

程序设计

(1) 定义类模板 Point，注意与和普通类定义的区别。

(2) 定义派生类 Line 时，注意类模板首先要实例化成模板类后才能进行派生，例如：

```
class Line: public Point<int>{
    …
}
```

(3) 在派生类的构造函数定义中说明基类的构造函数调用时，也要注意基类的实例化，例如：

```
Line(int a,int b,int c,int d):Point<int>(c,d){
    …
}
```

(4) 在进行基类成员函数调用时，同样要注意对基类(模板类)的实例化，例如：

```
Point<int>::show();
```

(5) 类模板实例化后，可以直接生成派生类。

源程序代码

```
#include<iostream.h>
template<typename T>
class Point{
    T x1,y1;
public:
```

```
    Point(T m,T n)  {
        x1=m;
        y1=n;
    }
    void show(){cout<<"x1="<<x1<<','<<"y1="<<y1<<endl;}
};
class Line:public Point<int>{
    int x2,y2;
public:
    Line(int a,int b,int c,int d):Point<int>(c,d){
        x2=a;
        y2=b;
    }
    void show(){
        Point<int>::show();
        cout<<"x2="<<x2<<','<<"y2="<<y2<<endl;
    }
};
void main()
{
    Point<double>p1(1.1,2.2);
    p1.show();
    Line ab(1,2,3,4);
    ab.show();
}
```

程序运行结果

```
x1=1.1,y1=2.2
x1=3,y1=4
x2=1,y2=2
```

3. 类模板的派生

基类为类模板，派生类也为类模板。与普通类继承模板类不同的是派生类(类模板)将继承基类(类模板)的所有实例，而不是一个实例。

【例 10-7】设计一个类模板 Point，再设计一个继承 Point 的 Line 类模板，其作用是输出两个点的值，并在主函数中进行测试。

程序设计

(1) 定义类模板 Point。

(2) 在定义派生类模板 Line 时，对类模板要先进行实例化才能够进行派生，例如：

```
template<typename T>
class Line: public Point<T>{
    …
}
```

(3)在定义类模板(派生类)的构造函数时，注意对基类的实例化，例如：

```
Line(T a,T b,T c,T d):Point<T>(c, d){
    …
}
```

(4)调用基类成员函数时，应首先对基类(类模板)实例化，例如：

```
Point<int>::show( );
```

(5)实例化后，在主函数中定义派生类对象时，也要注意对象的实例化，例如：

```
Line<int> b(1,2,3,4);
```

源程序代码

```
#include<iostream.h>
template<typename T>
class Point{
    T x1,y1;
public:
    Point(T m,T n)  {
        x1=m;
        y1=n;
    }
    void show(){cout<<"x1="<<x1<<','<<"y1="<<y1<<endl;}
};
template<typename T>
class Line:public Point<T>{
    T x2,y2;
public:
    Line(T a,T b,T c,T d):Point<T>(c,d){
        x2=a;
        y2=b;
    }
    void show(){
        Point<T>::show();
        cout<<"x2="<<x2<<','<<"y2="<<y2<<endl;
    }
};
void main()
{
    Point<double> a(1.1,2.2);
    a.show();
    Line<int> b(1,2,3,4);
    b.show();
    Line<double> c(1.1,2.2,3.3,4.4);
    c.show();
```

```
}
```

程序运行结果

```
x1=1.1,y1=2.2
x1=3,y1=4
x2=1,y2=2
x1=3.3,y1=4.4
x2=1.1,y2=2.2
```

10.3　异 常 处 理

程序中的错误通常包括语法错误、逻辑错误和运行异常 3 类。语法错误是指程序中源代码的书写不符合程序设计语言的语法规范。逻辑错误(或语义错误)是指因程序设计不当而造成的程序不能完成预期的功能。运行异常是指由程序运行环境问题造成的程序异常中止。例如，程序提出内存分配申请，但内存空间不足；或者是程序运行时要打开文件，但在硬盘中的该文件被删除或移走等，这些情况都会造成运行异常。

导致程序运行异常的错误是不可避免的，因为程序的实际运行环境通常不是由程序员能够严格控制的，可能会随时发生变化，但是运行异常是可以预料的，程序员可以通过分析程序和运行环境的交互，从而获知运行环境可能的异常情况，并在程序中对各种可能的异常情况进行预先处理，使程序在各种情况下都能正确运行。

10.3.1　异常处理的基本思想

异常处理的基本思想包括：抛出异常、捕获异常和处理异常。C++语言中使用 throw 抛出异常，使用 try…catch 捕获和处理异常。

(1) 设置异常块并抛出。将可能出现错误或异常的代码块设置成被监视代码块，发生异常时用 throw 将该块抛出，称为抛出一个异常。

(2) 将被监视代码块放到 try 结构中进行监视。

(3) 若被监视代码块抛出异常，则进入 catch 结构进行处理。

10.3.2　异常处理的实现

1. throw 语句

如果某段程序中发现了自己不能处理的异常情况，就可以抛出这个异常，将它抛给调用该段程序的函数。

抛出异常的语法格式如下：

```
throw 表达式;
```

表达式值的类型称为异常类型，它可以是任意的 C++语言定义的类型(void 类型除外)，包括 C++语言中的类。例如：

```
throw  1;                              //A
throw  '1';                            //B
throw  "number error";                 //C
```

A 行抛出一个异常，该异常为 int 类型，值为 1；B 行抛出一个异常，该异常为 char 类型，值为字符型数据‘1’；C 行抛出一个异常，该异常为 char*类型，值为字符串的首地址。在执行完 throw 语句后，系统将不执行 throw 后面的语句，而是直接跳到异常处理语句部分进行异常处理。

2. try…catch 语句

对于被调用函数抛出的异常，调用函数需要进行捕获，并给出相应的处理。C++语言中捕获和处理异常使用 try…catch 语句块，其语法格式如下：

```
try{
    …                                        //可能抛出异常的语句序列
}
catch(异常类型名 1  异常对象名 1){
    …                                        //异常处理代码
}
catch(异常类型名 2  异常对象名 2){
    …                                        //异常处理代码
}
…
catch(异常类型名 n  异常对象名 n){
    …                                        //异常处理代码
}
```

关于 try…catch 语句说明以下几点。

(1) 若 try 内的代码中有用 throw 语句抛出的一个异常，则在 throw 语句执行后，立即跳转到 try 后的 catch 块列表中，按照 catch 块出现的先后顺序查找异常类型名和抛出的异常对象的类型相同的 catch 块。若找到，将抛出的异常对象值赋给对应 catch 块的异常对象，并进入该 catch 块执行(类似函数调用过程)。

(2) 执行完该 catch 块代码后，系统跳过与其并列的其他 catch 块执行 try…catch 结构后面的语句。

(3) 所有同级别的 catch 语句只能有一条被执行，不存在两条被同时执行的情况。

(4) 如果在 catch 语句块代码中，异常类型名部分为省略号(…)，即写成 catch(…)，系统其处理成通配符，表示捕获所有类型的异常，并且此形式只能位于同级别的 catch 语句的最后位置。

【例 10-8】分析以下程序的输出结果

源程序代码

```
#include<iostream.h>
void main()
{
    try{
        cout<<"This is a Test!"<<endl;
        throw 1;                            //A
        cout<<"It can not show!"<<endl;     //B
    }
    catch(char){                            //C
```

```
        cout<<"******"<<endl;
    }
    catch(int a){                               //D
        cout<<"++++++"<<endl;                   //E
        cout<<"a="<<a<<endl;                    //F
    }
    catch(…){                                   //G
        cout<<"catch all type!";
    }
    cout<<"Test is end!"<<endl;                 //H
}
```

程序分析

(1) 本程序主要介绍 try…catch 语句的使用方法；程序由 try 和 3 个 catch 语句构成，且 3 个 catch 语句是并列的。

(2) 程序的执行按从上到下的顺序依次进行，当执行到 A 行时，throw 语句抛出了一个异常，这个异常的数据类型是 int，值为 1。程序转而执行 catch 语句，而程序中的 B 行将不会执行。

(3) 哪个 catch 语句能被执行呢？系统处理方法为：按照从上到下的顺序找 catch 语句中的数据类型和 throw 抛出的数据类型相同的，即首先判断 C 行中的 catch 语句中的数据类型是不是 int，结果不是。然后找到第二个 catch 语句，即程序中的 D 行，结果类型相同，并且有一个变量 a。系统将对 a 进行赋值，即 a=1；程序继续执行 E、F 行。结束整个 try…catch 语句的执行。

(4) G 行的 catch 语句中的“异常类型名”为省略号的形式，表示捕获所有的异常，注意是从上到下查找 catch 语句时，找不到匹配的数据类型，系统才执行此 catch 中的语句块，如果找到，则不会执行此语句块。

(5) 在执行完 try…catch 语句后，系统将按照顺序执行后面的语句，即执行程序中的 H 行，执行后整个程序结束。

程序运行结果

```
This is a Test!
++++++
a=1
Test is end!
```

3. try…catch 语句的嵌套

try…catch 语句是可以嵌套的。当某语句执行中抛出异常时，首先在包含它的最内层的 try 语句块对应的 catch 块列表中查找与之匹配的处理块，如果内层的 catch 块列表类型都不能匹配，即不能捕获到相应异常，则逐步向外层扩展进行查找，如图 10-1 所示。

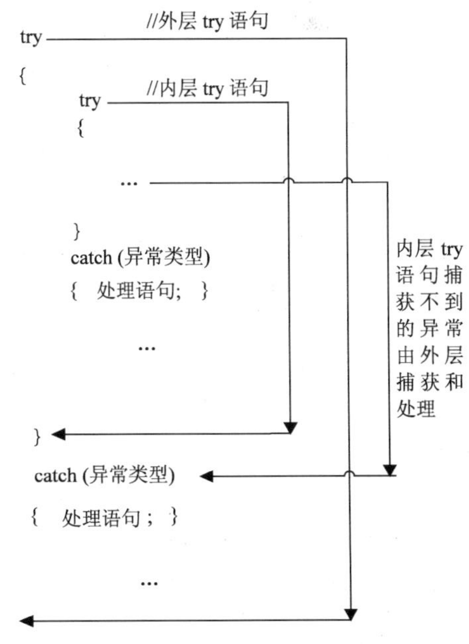

图 10.1　try…catch 语句嵌套查找

如果系统在向外逐层查找异常处理块时，直到

main 函数结束也没有找到对应的 catch 块，则最后默认调用系统的终止函数进行标准的异常处理。默认情况下，系统将调用 abort 函数，终止程序的执行。

【例 10-9】试分析下面程序的输出结果。

```
#include<iostream.h>
void main()
{
    try{                                        //A
        try{                                    //B
            throw 'a';                          //C
            cout<<"first!"<<endl;               //D
        }
        catch(char){                            //E
            throw;                              //F
            cout<<"second!"<<endl;              //G
        }
    }
    catch(…){                                   //H
        cout<<"抛出异常！"<<endl;               //I
    }
}
```

程序分析

(1)程序涉及 try…catch 语句的嵌套使用，从 A 行处开始有一个 try…catch 语句，第二个 try…catch 语句从 B 行开始，位于第一个 try…catch 语句的内部。

(2)程序从上到下依次执行，当执行到 C 行时，系统抛出异常，异常类型为字符型，首先由同一级的 catch 语句进行捕获，即由 E 行经检查数据类型后匹配成功，转而执行该 catch 语句块。因此，D 行程序不会被执行。

(3)当执行到 F 行时，系统又抛出一个异常，而在同一层中没有相应的 catch 语句进行捕获，因此，系统转而到外层的 catch 语句中查找，因此找到 H 行。

(4)H 行的 catch 语句，表示捕获所有类型的异常，因此，系统执行 I 行。执行完成后，程序结束。

程序运行结果

```
抛出异常！
```

【例 10-10】编写一个求两个数相除的函数，该函数把除数为 0 作为异常，在主函数中捕获并处理异常。

程序设计

当调用函数对两个数进行相除运算时，如果分母为 0，则应用 throw 抛出此异常，在主函数中用 try…catch 语句来捕获异常，并在 catch 语句中进行相应的处理。

源程序代码

```
#include<iostream.h>
#include <stdlib.h>
```

```
double fun(double x, double y)              //函数的定义
{
    if(y==0){
        throw y;                            //当除数为 0 时，抛出异常
    }
    return x/y;                             //否则返回两个数的商
}
void main()
{
    double res;
    try{                                    //定义异常开始
        res=fun(2,3);                       //函数调用
        cout<<"The result of x/y is: "<<res<<endl;
        res=fun(4,0);                       //此次调用会产生异常，函数内部将抛出异常
        cout<<"The result of x/y is : "<<res<<endl;
    }
    catch(double) {                         //捕获并处理异常
        cerr<<"error of dividing zero.\n";
        exit(1);                            //异常退出程序
    }
}
```

程序运行结果

```
The result of x/y is:0.666667
error of dividing zero.
```

【例 10-11】试定义两个异常类处理给定范围内的除法运算。要求：异常类的基类用于处理零除数；异常类的派生类用于处理数据过大或者数据过小时的异常。先通过检查数据进行处理：当数据超过最大值或者小于最小值时，进行调整。具体方法为：当数据过大时，数据每次除以 2；当数据过小时，数据每次乘以 2。最后在除法运算中检查零除数。

源程序代码

```
#include <iostream.h>
#define MAX 200
#define MIN 100
int data;
double div;
class except{
    char *message;
public:
    except(char * ptr){message = ptr;}
    const char *what( ){return message;}
    virtual void handling( ){
        cout << "请再次输入被除数! : ";
```

```
        cin >>div;
    }
    void action( ){
        cout << "异常为 : " << what( )<< '\n';
        handling( );
    }
};
class except_derive:public except{
public:
    except_derive(char * ptr): except(ptr){ }
    virtual void handling( ){
        if(data > MAX)
            cout <<"启动数据转换,将数据减少至" <<(data/=2)<< endl;
        else
            cout << "启动数据转换,将数据增加至" <<(data*=2)<< endl;
    }
};
double quotient(double m, double n){
    if(n == 0)
        throw except("除数为 0 的错误抛出!");
    return  m /n;
}
void main()
{
    double n, result;
    int flag =1;
    char * mes_low = {"数据太小! 超出范围!"};
    char * mes_high = {"数据太大! 超出范围!"};
    cout << "请输入转换数据: ";
    cin >> data;
    cout << "请输入除数和被除数 : ";
    cin >> n >> div;
    while(flag){
        try{
            if((data> MAX)||(data < MIN))
                throw except_derive((data > MAX)?(mes_high):(mes_low));
            result = quotient(n, div);
            cout << "二数相除的结果为: " << result << endl;
            flag =0;
            }
        catch(except_derive ex){ex.action( );}
        catch(except ex){ex.action( );}
        }
}
```

程序分析

当出现异常时，任何一个捕获块都调用异常基类中的 action 函数，此时 action 函数能够根据不同对象来调用相应的虚函数 handling，数实现多态性。派生类的 handling 函数处理数据超范围异常，当数据大于 200 大时，数据除以 2；当数据小于 100 时，数据乘以 2。需要注意的是捕获异常程序块时的顺序不能颠倒。

异常处理过程中应注意以下几点。

(1) 如果抛出的异常一直没有函数捕获，则会一直上传到 C++系统，最终导致整个程序的终止，但应尽量避免这种终止程序的方式。

(2) 一般在异常抛出后资源可以正常被释放，但如果在类的构造函数中抛出异常，系统是不会调用析构函数的。处理方法是在抛出前首先删除申请的相关资源。

(3) 异常处理仅仅通过类型检查进行匹配，并不是通过值匹配的，所以 catch 语句块的参数可以没有参数名，只需要参数类型。

(4) 函数原型中的异常说明要与定义中的异常说明一致，否则容易引起异常冲突。

(5) catch 语句块的参数建议采用地址传递而不是值传递，这不但可以提高效率，还可以充分利用对象的多态性。另外，派生类的异常捕获应放到基类异常捕获的前面，否则派生类的异常无法被捕获。

(6) 编写异常说明时，要确保派生类成员函数的异常说明和基类成员函数的异常说明一致。

习 题

1. 编写一个函数模板，实现返回两个值中的较小者，要求能正确处理字符串。
2. 编写一个对有 n 个元素的数组 x 求最大值的程序，要求将求最大值的函数设计成函数模板。
3. 什么是异常？什么是异常处理？
4. 如何理解 throw 语句所进行的“调用”实际上是带有实参的跳转？
5. 当程序中有多个 try 语句时，抛出异常后系统将怎样寻找匹配的目标 catch 语句块？

第11章　输入/输出流

在 C++程序中，数据的输入/输出操作是通过流(stream)来实现的。流是程序输入或输出的一个连续的字节序列，可分为两大类，即文本流和二进制流。本章将介绍 C++的基本流类体系及其应用。

11.1　概　　述

数据的输入/输出(I/O)包括标准输入设备键盘和标准输出设备显示器、外存储器磁盘上的文件，以及内存中指定的字符串存储空间 3 个方面。对标准输入设备和标准输出设备的输入/输出简称标准 I/O，对外存磁盘上文件的输入/输出简称文件 I/O，对内存中指定的字符串存储空间的输入/输出简称串 I/O。

流既可以表示数据从内存传送到某个设备中，即输出流；也可以表示数据从某个设备传送到内存缓冲区，即输入流。有的流既是输入流，又是输出流。流中的内容可以是 ASCII 字符、二进制形式的数据、图像和视频等多媒体或其他形式的数据。标准流通过运算符“<<”和“>>”执行输入和输出操作。从流中获取数据的操作称为提取操作，运算符“>>”称为提取运算符，向流中添加数据的操作称为插入操作，运算符“<<”称为插入运算符，数据的输入/输出就是通过 I/O 流来实现的。

文本流是一串 ASCII 码字符。如程序文件和文本文件都是文本流，这种流可以直接输出到显示器或打印机上。二进制流是将数据以二进制的形式存放的，这种流在数据传输时不作任何变换。

11.2　C++的基本流类体系

11.2.1　基本流类库

C++语言将输入/输出流定义为一组类，存放在流类库中。流总是与某一设备相联系，通过使用流类中定义的方法，就可以完成对这些设备的输入/输出操作。流类形成的层次结构组成流类库。C++的输入/输出流类库不是语言的一部分，而是作为一个独立的函数库提供的。因此，在使用时需要包含相应的头文件。图 11-1 给出了 C++中输入/输出的基本流类体系，该流类库在头文件 iostream.h 中作了说明。

1. 基类 ios

基类 ios 派生出了输入类 istream 与输出类 ostream，是所有基本流类的基类。其他基本流类均由该类派生出来。

2. 输入流类 istream

输入流类 istream 负责提供输入(提取)操作的成员函数，使输入流对象能通过其成员函数完成数据的输入操作任务。由输入类 istream 派生出 istream_withassign 类，而 cin 是由 istream_withassign 类定义的对象。

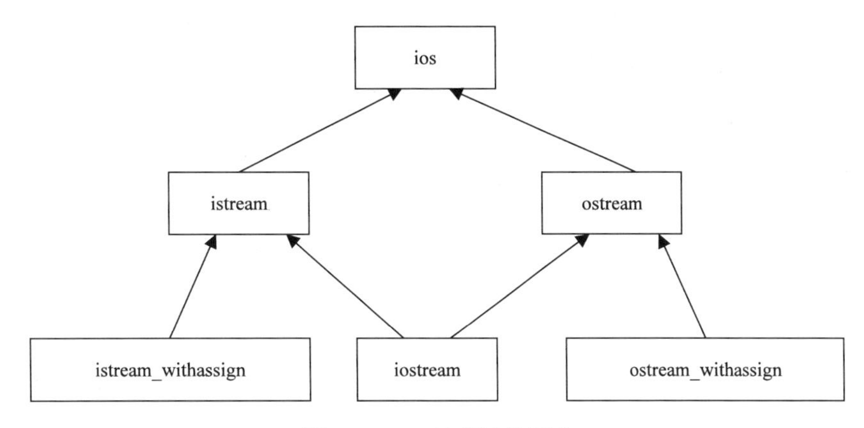

图 11-1 I/O 流类库的层次

3. 输出流类 ostream

输出流类 ostream 负责提供输出(插入)操作的成员函数，使输出流对象能通过其成员函数完成数据输出操作任务。由输出类 ostream 派生出 ostream_withassign 类，而 cout 是由 ostream_withassign 类定义的对象。

4. 输入/输出流类 iostream

输入/输出流类 iostream 由输入流类 istream 和输出流类 ostream 公有派生得到，该类并没有提供新的成员函数，只是将类 istream 和 ostream 组合在一起，以支持一个流对象既可完成输入操作，又可完成输出操作。

11.2.2 标准输入/输出流

C++语言中的输入/输出流类库中预先定义了 4 个标准流：cin、cout、cerr 和 clog，它们不是 C++语言中的关键字，而是标准流对象。只要程序中包含头文件 iostream.h，编译器调用相应的构造函数产生这 4 个标准流，用户在程序中就可以直接使用这 4 个流对象了。表 11-1 为 iostream.h 中定义的 4 个流对象对应的设备。

表 11-1 iostream.h 文件中定义的 4 种标准流对象

对象	含义	对应设备	所属类库
cin	标准输入流	键盘	iostream.h
cout	标准输出流	显示器	iostream.h
cerr	标准输出流	显示器	iostream.h
clog	标准输出流	显示器	iostream.h

1. 标准输入流

在 C++流类体系中定义的标准输入流是 cin。缺省情况下，cin 流从键盘获取输入数据。提取运算符>>从流中提取数据时通常跳过输入流中的空格、Tab 键、换行符等空白字符。提取操作的数据要通过缓冲区才能传送给对象的数据成员，因此 cin 为缓冲流。

2. 标准输出流

在 C++流类体系中定义的标准输出流包括 cout、cerr 和 clog，其中 cerr 和 clog 为标准错误信息输出流。缺省情况下，cout、cerr 和 clog 都将数据输出到显示器。在 3 个标准输出流中，cout 和 clog 为缓冲流，在内存中对应一个缓冲区。cerr 为非缓冲流，与 cout 流的区别是，cerr 流中的信息只能在显示器输出，而 cout 流中的数据通常是输出到显示器，但也可以被重新定向输出到磁盘文件。

用这 4 个标准流进行输入/输出时，系统自动完成数据类型的转换。对于输入流，先将输入的字符序列形式的数据转换为计算机内部形式的数据(二进制或 ASCII 码)后，再赋给变量，变换后的格式由变量类型确定。对于输出流，将要输出的数据变换成字符串后，送到输出流(文件)中。

11.2.3　流的格式控制

在前面的程序中，所有 I/O 采用的格式都是由 C++流类库提供的默认方式。在实际应用中，常常需要准确控制数据(特别是整数、浮点数和字符串)的 I/O 格式。流类库可用两种方法控制数据的格式，即使用 I/O 控制符和 ios 类的成员函数。

1. 使用控制符控制输出格式

不带形参的控制符定义在头文件 iostream.h 中，带形参的控制符定义在头文件 iomanip.h 中，因而使用控制符必须包含相应的头文件。C++语言中的常用的输入/输出流控制符见表 11-2。

表 11-2　输入/输出流控制符

控制符	功能	适用于
dec	设置整数的基数为 10	I/O
hex	设置整数的基数为 16	I/O
oct	设置整数的基数为 8	I/O
setfill(c)	设置填充字符	O
setw(n)	设置字段宽度为 n 位	O
setprecision(n)	设置实数的精度为 n 位	O
setiosflags(flag)	设置 flag 中指定的标记位	I/O
resetiosflags(flag)	清除 flag 中指定的标记位	I/O

【例 11-1】用控制符控制输出格式示例。

源程序代码

```
#include<iostream.h>
#include<iomanip.h>
void main(void)
{
    int num=100;
    double pi=3.14159;
    cout<<"hex:"<<hex<<num<<endl;                           //A,以十六进制格式输出
    cout<<"dec:"<<dec<<setw(6)<<setfill('#')<<num<<endl;  //B,设置填充符为'#'
```

```
    cout<<"pi="<<pi<<endl;                              //C,浮点数默认输出
    cout<<"pi="<<setiosflags(ios::fixed)<<pi<<endl;     //D,设置固定小数位
    cout<<resetiosflags(ios::fixed);                    //E,清除 fixed 标志位
    cout<<"pi="<<setprecision(4)<<pi<<endl;             //F
    cout<<"pi="<<setprecision(4)<<setiosflags(ios::fixed)<<pi<<endl;
                                                        //G
    cout<<"pi="<<setw(10)<<setprecision(4)<<setiosflags(ios::fixed|ios::ri
ght)<<pi<<endl;                                         //H
}
```

程序分析

由于控制符在头文件 iomanip.h 中定义，故使用控制符控制输出格式时必须包含该头文件。程序中，A 行以十六进制格式输出整数；B 行以十进制格式输出数据，占据 6 个字符宽度，空白处以“#”代替；控制符 setw(n)只对其后的第一个输出项有效；C 行以默认方式输出浮点数，小数精度缺省为 6 位有效数字，不足 6 位的按实际数字输出；D 行以定点格式输出浮点数(小数点后默认输出 6 位)；F、G、H 三行以指定精度格式输出浮点数，单独使用控制符 setprecision(n)设置的精度为有效数字，只有和控制符 setiosflags(ios::fixed)联合使用才能控制小数点后的精度位数。

程序运行结果

```
hex:64
dec:###100
pi=3.14159
pi=3.141590
pi=3.142
pi=3.1416
pi=####3.1416
```

2. 用流对象的成员函数控制输出格式

除了可以用控制符来控制输出格式外，还可以通过调用 cout 对象中用于控制输出格式的成员函数来控制输出格式。用于控制输出格式的常用成员函数见表 11-3。

表 11-3 用于控制输出格式的流成员函数

流成员函数	与之作用相同的控制符	作用
precision(n)	setprecision(n)	设置实数的精度为 n 位
width(n)	setw(n)	设置字段宽度为 n 位
fill(c)	setfill(c)	设置填充字符
setf()	setiosflags()	设置输出格式状态，括号中应给出格式状态，内容与控制符 setiosflags 括号中的内容相同
unsetf()	resetioflags()	终止已设置的输出格式状态，在括号中应指定内容

流成员函数 setf 和控制符 setiosflags 括号中的参数表示格式状态，它是通过格式标记来设定的。格式标记在 ios 类中被定义为枚举值，在使用这些格式标记时要在前面加上类名 ios

和作用域运算符::。常用的格式标记见表 11-4。

表 11-4　设置格式状态的格式标记

格式标记	功能
ios::left	输出数据在本域宽范围内左对齐
ios::right	输出数据在本域宽范围内右对齐
ios::dec	设置整数的基数为 10
ios::oct	设置整数的基数为 8
ios::hex	设置整数的基数为 16
ios::showpoint	强制输出浮点数的小数点和尾数 0
ios::fixed	浮点数以定点格式(小数形式)输出

【例 11-2】用成员函数设置输出格式示例。

源程序代码

```
#include <iostream.h>
void main(void)
{
    int num=100;
    double pi=3.14159;
    cout.setf(ios::hex);
    cout<<"hex:"<<num<<endl;
    cout.unsetf(ios::hex);                    //恢复十进制输出格式
    cout<<"dec:";
    cout.width(6);
    cout.fill('#');                           //设置填充符为'#'
    cout<<num<<endl;
    cout<<"pi="<<pi<<endl;                    //浮点数默认输出
    cout.setf(ios::fixed);                    //设置固定小数位
    cout<<"pi="<<pi<<endl;
    cout.unsetf(ios::fixed);                  //清除 fixed 标记位
    cout.precision(4);                        //设置精度
    cout<<"pi="<<pi<<endl;
    cout.setf(ios::fixed);
    cout<<"pi="<<pi<<endl;
    cout<<"pi=";
    cout.width(10);
    cout.setf(ios::right);                    //设置右对齐输出
    cout<<pi<<endl;
}
```

程序分析

用 cout 流的成员函数控制输出格式与格式控制符功能相同。输入/输出流的成员函数在

iostream.h 中定义，因此，本程序只需包含头文件 iostream.h，而不必包含头文件 iomanip.h。用成员函数 setf 设置输出格式后，如果要改为另一格式，需用 unsetf 函数先终止原来的格式状态，然后再设置新的格式。用 setf 函数设置格式状态时，可以用位或运算符“|”组合多个格式标记。

程序运行结果

```
hex:64
dec:###100
pi=3.14159
pi=3.141590
pi=3.142
pi=3.1416
pi=####3.1416
```

11.3　输入/输出成员函数

数据的输入/输出除了直接用输入流 cin 与输出流 cout 外，还可使用流的成员函数来实现，常用的输入成员函数是 get，输出成员函数是 put。

1. 输入成员函数 get

在输入流中对 get 函数进行重载了 3 种形式：无参数的、有一个参数的和有 3 个参数的，以实现不同情况下的字符(串)输入。例如：

```
int istream::get( );                                        //A
istream& istream::get(char &);                              //B
istream& istream::get(unsigned char &);                     //C
istream& istream::get(signed char &);                       //D
istream& istream::get(char *, int, char='\n');              //E
istream& istream::get(unsigned char *, int, char='\n');     //F
istream& istream::get(signed char *, int, char='\n');       //G
```

A 行的函数从输入流中提取一个字符(可以是空格、Tab 键、换行符等空白字符)，并将所提取字符的 ASCII 码作为返回值。B、C、D 行的 3 个函数功能相同，都是从输入流中提取一个字符，并将提取的字符赋给输入参数。E、F、G 行的 3 个函数功能相同，都是从输入流中提取一个字符串，并将提取的字符串赋给第一个参数所指向的内存区域；第二个参数为至多提取的字符个数，当该参数指定为 n 时，至多提取 n−1 个字符，尾部附加一个字符串结束标志‘\0’；第三个参数为结束提取字符，在输入流中提取字符时，当遇到该结束提取字符时就结束提取操作，缺省值为‘\n’。

2. 输入成员函数 getline

在输入流中对 getline 函数也进行了重载，其功能是从输入流中提取一行字符，用法与带 3 个参数的 get 函数类似。例如：

```
istream& istream::get(char *, int, char='\n');
istream& istream::get(unsigned char *, int, char='\n');
istream& istream::get(signed char *, int, char='\n');
```

3. 输出成员函数 put

在输出流中定义了专门用于输出单个字符的成员函数 put，并对其进行了重载。例如：

```
ostream& ostream::put(char);
ostream& ostream::put(unsigned char);
ostream& ostream::put(signed char);
```

put 函数的参数可以是字符、字符的 ASCII 码，也可以是一个整型表达式。例如：

```
cout.put('A');                  //输出字符'A'
cout.put(66);                   //输出字符'B'
cout.put(30+37);                //输出字符'C'
```

可以在一个语句中连续调用 put 函数，例如：

```
cout.put('A').put('B').put('C'); //输出 ABC
```

【例 11-3】 输入/输出成员函数的使用示例。

源程序代码

```
#include <iostream.h>
void main()
{
    char c,s,str[30];
    c=0;s=0;
    cout<<"用不带参数的 get 函数输入字符\n";
    while((c=cin.get())!='\n')   //A
        cout.put(c);             //B
    cout<<endl;
    cout<<"用带一个参数的 get 函数输入字符\n";
    while(s!='\n'){
        cin.get(s);              //C
        cout.put(s);
    }
    cout<<endl;
    cout<<"用带 3 个参数的 get 函数输入字符串\n";
    cin.get(str,15,'/');         //D
    cout<<str<<endl;             //如果输入的字符串中不含结束符'/',则输出 15 个字符
    cout<<"用 getline 函数输入字符串\n";
    cin.getline(str,30);         //E
    cout<<str<<endl;
}
```

程序分析

A 行调用不带参数的 cin.get 函数从输入流中提取一个字符，并将返回值赋给字符变量 c；B 行调用 cout.put 函数输出一个字符；C 行调用带 1 个参数的 cin.get(s)函数从输入流中提取一个字符赋给参数 s，如果提取成功，函数返回非 0 值(真)，如失败(遇文件结束符，Windows 平台下文件结束符为 Ctrl+Z)，则函数返回 0 值(假)；D 行调用带 3 个参数的 cin.get(str,15,

‘/’) 函数，从输入流中提取一个字符串，遇到字符 ‘/’ 时结束提取操作，并将提取到的字符串(不包含字符 ‘/’) 送入指针 str 指定的内存区域；E 行调用 cin.getline 函数从输入流中提取一行字符。

程序运行结果

```
用不带参数的 get 函数输入字符
C++ program.↙
C++ program.
用带一个参数的 get 函数输入字符
C++ program.↙
C++ program.
用带 3 个参数的 get 函数输入字符串
C++ program/C++program/C++ program.↙
C++ program
用 getline 函数输入字符串
/C++ program/C++program.
```

4. 其他成员函数

除了以上介绍的输入/输出成员函数外，iostream.h 类中还定义了其他输入/输出流成员函数，见表 11-5。

表 11-5　其他输入/输出流成员函数

函数	功能
eof()	判断是否到达文件末尾
peek()	观测输入流中的下一个字符
putback()	将从输入流提取到的字符返回输入流
ignore()	跳过输入流中的若干字符
gcount()	返回最近一次从输入流中提取的字符个数
flush()	刷新输出流

11.4　文件的输入/输出

11.4.1　文件概述

默认情况下，程序中的输入/输出都是以系统指定的标准设备为对象的。在实际应用中，常以磁盘文件作为输入/输出的对象，即从磁盘文件读取数据或将数据输出到磁盘文件。

文件是存储在磁盘上的由文件名标识的一组有序数据的集合，每个文件都必须有唯一的文件名。一个文件名由主文件名和扩展名组成，它们之间用点分开。主文件名是用户命名的一个合法的 Windows 文件名，为了同其他软件系统兼容，一般主文件名不超过 8 个有效字符，同时为了便于记忆和使用，最好使主文件名的含义与所存的文件内容相关。文件扩展名一般由应用程序自动产生，由 1~3 个字符组成，通常用来区分文件的类型。如在 C++系统中，用扩展名.h 表示头文件，用扩展名.cpp 表示源程序文件。

根据数据存储格式来分，文件可以分为文本文件和二进制文件 2 种。文本文件由字符序列组成，存取的单位为字符，每个字符都对应一个 ASCII 码，所以文本文件也称为 ASCII 码文件。字符从文本文件中读出后能够直接送到显示器或打印机。二进制文件存取的单位为字节，又称为字节文件。二进制文件是数据的内部表示，是从内存直接复制的。在二进制文件中，对于字符信息，数据的内部表示就是 ASCII 码表示，所以字符信息保存在文本文件和二进制文件中是一样的；但对于数值信息，由于其内部表示和 ASCII 码表示截然不同，所以在文本文件和二进制文件中数值信息的保存形式也截然不同。

例如，2012 这个数在文本文件中用 ASCII 码表示如下：

```
'2'   '0'   '1'   '2'
 |     |     |     |
50    48    49    50(对应的 ASCII 码)
```

共占 4 个字节。而在二进制文件中则表示为 00000111 11011100，只占 2 个字节。由此可以看出，二进制文件比文本文件节省空间，且不存在编码转换问题，存取效率较高。一般当需存储大量数字信息时，可选用二进制文件，当需存储大量字符信息时，则采用文本文件。

11.4.2　文件流类库

文件流是以磁盘文件为输入/输出对象的数据流。输出文件流是从内存流向外存文件的数据，输入文件流是从外存文件流向内存的数据。每个文件流都有一个内存缓冲区与之对应。

文件流与文件是两个不同的概念，文件流并不是由若干文件组成的流。文件流本身不是文件，而是以文件为输入/输出对象的流。若对磁盘文件进行输入/输出，必须通过文件流来实现。

C++语言在头文件 fstream.h 中定义了文件流类体系，如图 11-2 所示。C++的文件流类体系是从 C++的基本流类体系中派生出来的。当程序使用文件时，需包含头文件 fstream.h。

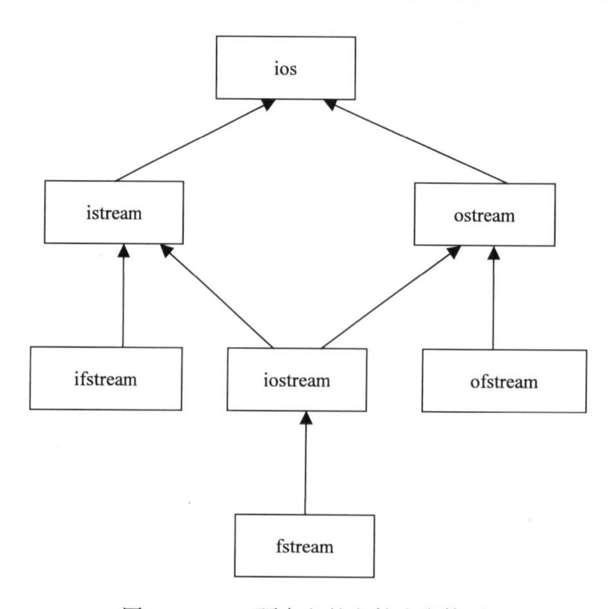

图 11-2　C++预定义的文件流类体系

(1) ifstream 类由 istream 类公有派生而来，实现从文件中读取数据的各种操作。

(2) ofstream 类由 ostream 类公有派生而来，实现数据写入文件的各种操作。

(3) fstream 类由 iostream 类公有派生而来，提供对文件数据的读/写操作。

11.4.3　文件的基本操作

以磁盘文件为对象进行输入/输出，必须定义一个文件流类对象，通过文件流对象将数据从内存输出到磁盘文件，或者通过文件流对象从磁盘文件将数据读入内存。在 C++程序中使用文件需要先定义文件流对象，再通过文件流对象打开文件，然后读写文件，最后关闭文件。

1. 定义文件流对象

文件的使用通常有 3 种方式，即读文件、写文件、读/写文件。根据文件的这 3 种使用方式，需用文件流类 ifstream、ofstream、fstream 定义 3 种不同的文件流对象。即读文件流对象、写文件流对象和读/写文件流对象。

(1) 定义读文件流对象的一般格式如下：

```
ifstream 读文件流对象名;
```

例如：

```
ifstream infile;                          //infile 为读文件流对象
```

(2) 定义写文件流对象的一般格式如下：

```
ofstream 写文件流对象名;
```

例如：

```
ofstream outfile;                         //outfile 为写文件流对象
```

(3) 定义读/写文件流对象的一般格式如下：

```
fstream 读/写文件流对象名;
```

例如：

```
fstream iofile;                           //iofile 为读/写文件流对象
```

定义了文件流对象后，可以用该文件流对象调用打开、读/写和关闭文件的成员函数，实现对文件的打开、读/写和关闭操作。为了叙述方便，将文件流对象简称为文件流。

2. 打开文件

在进行文件的读/写操作时，首先要打开文件，将一个文件流和一个具体的磁盘文件建立联系，确立联系后的文件才允许使用文件流提供的成员函数进行数据的读/写操作。

打开文件有两种方式，一种是用文件流成员函数 open 打开文件，另一种是在定义文件流对象时通过构造函数打开文件。

(1) 使用成员函数 open 打开文件的一般格式如下：

```
对象名.open(文件名,方式);
```

第一个参数为要打开的文件名或文件全路径名；第二个参数为文件打开方式，缺省表示以输出方式打开文件。例如：

```
infile.open("data.txt",ios::in);     //打开名为data.txt的文件
outfile.open("data.txt");            //等同于outfile.open("data.txt",ios:out);
```

表 11-6 列出了 ios 类中定义的文件打开方式。

表 11-6 文件的打开方式

方式	作用
ios::in	以输入(读)方式打开文件
ios::out	以输出(写)方式打开文件(这是默认方式)，如果文件已存在，则将其原有内容全部删除
ios::app	以输出方式打开文件，写入的数据添加到文件末尾
ios::ate	打开一个已有的文件，文件指针指向文件末尾
ios::trunc	打开一个文件，如果文件已存在，则删除其中全部数据，如果文件不存在，则建立新文件。如果已指定了 ios::out 方式，而未指定 ios::app、ios::ate、ios::in，则同时默认此方式
ios::binary	以二进制方式打开文件，如不指定此方式，则默认 ASCII 方式
ios::nocreate	打开一个已有的文件，如文件不存在，则打开失败。nocreate 的意思是不建立新文件
ios::noreplace	如果文件不存在，则建立新文件；如果文件已存在，则操作失败。noreplace 的意思是不更新原有文件
ios::in| ios::out	以输入/输出方式打开文件，文件可读可写
ios::out| ios::binary	以二进制写方式打开文件
ios::in| ios::binar	以二进制读方式打开文件

(2)定义文件流对象时通过构造函数打开文件的一般格式如下：

```
流类  对象名(文件名,方式);
```

其中方式参数可缺省。如果文件流为输入文件流，则其缺省值为 ios::in；如果为输出文件流，则其缺省值为 ios::out。例如：

```
ifstream infile("data.txt");                  //A
ofstream outfile("data.txt");                 //B
fstream iofile("data.txt",ios:in|ios::out);   //C
```

A 行表示通过构造函数按读方式打开文本文件 data.txt，B 行表示通过构造函数按写方式打开文本文件 data.txt，C 行表示通过构造函数按读/写方式打开文件 data.txt。

通常情况下，无论是用成员函数 open 打开文件，还是用构造函数打开文件，都要判断打开是否成功。若文件打开成功，则文件流对象值为真；若打开不成功，则其值为假。因此，按只读方式打开文件 data.txt 的一般过程如下：

```
ifstream infile("data.txt");
if(!infile){
    cout<<"open error! "<<endl;
    exit(1);
}
```

或

```
ifstream infile;
infile.open("data.txt");
if(!infile){
    cout<<"open error! "<<endl;
    exit(1);
}
```

3. 读/写文件

打开文件后，对文件的读/写操作有两种方法，一种方法是使用提取运算符或插入运算符对文件进行读/写操作，例如：

```
char ch;
infile>>ch;                                     //A
outfile<<ch;                                    //B
```

A行从输入流infile所关联的文件data.txt中提取一个字符并赋给变量ch，B行将变量ch中的字符写入输出流outfile所关联的文件data.txt中。另一种方法是使用成员函数进行文件的读/写操作。例如：

```
char ch;
infile.get(ch);                                 //C
outfile.put(ch);                                //D
```

C行从输入流infile所关联的文件data.txt中读取一个字符并赋给变量ch，而D行将变量ch中的字符写入输出流outfile所关联的文件data.txt中。

4. 关闭文件

打开一个文件且对文件进行读/写操作完成后，需要调用文件流的成员函数来关闭相应的文件。关闭文件的一般格式如下：

```
对象名.close();
```

例如：

```
infile.close();
```

程序运行结束时，要撤销文件流对象，这时系统也会自动调用相应文件流对象的析构函数，关闭与该文件流相关联的文件。

11.4.4　文本文件的操作

文件流类ifstream、ofstream、fstream中并没有直接定义文件操作的成员函数，对文件的操作是通过调用其基类ios、istream、ostream中说明的成员函数来实现的。采用这种方式的好处是，对文件的基本操作与标准输入流及标准输出流的使用方式相同，可通过提取运算符和插入运算符来访问文件。

【例11-4】建立一个文本文件score.txt，保存10名学生的C++课程成绩。

源程序代码

```
#include<iostream.h>
#include<fstream.h>
```

```
#include<stdlib.h>
void main()
{
    float score[10];
    ofstream outfile;                         //定义文件输出流对象 outfile
    outfile.open("score.txt",ios::out); //打开文件,指定打开方式为写文件
    if(!outfile){                             //如果 outfile==0,表明文件打开操作失败
        cerr<<"文件打开失败!\n";
        exit(1);                              //退出程序
    }
    cout<<"请输入 10 个学生的 C++课程成绩:\n";
    for(int i=0;i<10;i++){
        cin>>score[i];                        //从键盘读入数据存入内存(数组 score)
        outfile<<score[i]<<"  ";              //向磁盘文件输出数据
    }
    outfile.close();                          //关闭磁盘文件
    cout<<"成绩保存成功!\n";
}
```

程序分析

由于程序既使用了标准输入设备键盘读入数据，又将读入的数据写入磁盘文件，所以程序开头部分包含了相应的头文件 iostream.h 和 fstream.h；包含头文件 stdlib.h 是因为程序中用了 exit 函数。本程序通过文件输出流类 ofstream 定义文件输出流对象 outfile，并调用其成员函数 open 以写文件的方式打开文件，并与文本文件 score.txt 相关联。在打开文件成功后，用 for 循环通过提取运算符>>从键盘读入数据，并用插入运算符<<将内存(数组 score)中的数据写入文件中。文件使用完毕后，调用文件输出流对象 outfile 的成员函数 close 关闭文件。

程序运行结果

```
请输入 10 个学生的 C++课程成绩:
90 95 85 80 70 60 55 75 88 90
成绩保存成功!
```

【例 11-5】从例 11-4 建立的 score.txt 文件中读出 10 个学生的 C++课程成绩，并求出最高分、最低分和平均分。

源程序代码

```
#include <iostream.h>
#include <fstream.h>
#include <stdlib.h>
void main()
{
    float score[10];
    float max,min,sum=0;
    double ave;
    fstream infile;                              //A,定义文件输入/输出流对象 infile
```

```
    infile.open("score.txt",ios::in|ios::nocreate);
                                        //B,以输入方式打开磁盘文件
    if(!infile){                        //C,判断文件打开是否成功
        cerr<<"文件打开失败!\n";
        exit(1);
    }
    cout<<"学生成绩: ";
    for(int i=0;i<10;i++){
        infile>>score[i];               //D
        cout<<score[i]<<'\t';           //E,在显示器上顺序显示 10 个学生的成绩
    }
    cout<<'\n';
    max=min=score[0];
    for(i=0;i<10;i++){
        sum+=score[i];
        if(score[i]>max)max=score[i];
        if(score[i]<min)min=score[i];
    }
    ave=(double)sum/10;
    cout<<"最高分: "<<max<<endl;
    cout<<"最低分: "<<min<<endl;
    cout<<"平均分: "<<ave<<endl;
    infile.close();                     //F,关闭磁盘文件
}
```

程序分析

A 行定义了文件流类 fstream 的对象 infile。B 行调用 infile 的成员函数 open 以读方式打开磁盘文件 score.txt，其中的参数表示只能打开已存在的文件，即当 score.txt 文件存在时，则打开成功，否则打开失败。C 行判断打开文件是否成功。D 行使用提取运算符从磁盘文件读入 10 个学生的成绩，顺序存放到数组 score 中，即内存中。F 行文件使用完毕后将其关闭。

程序运行结果

```
学生成绩: 90 95 85 80 70 60 55 75 88 90
最高分: 95
最低分: 55
平均分: 78.8
```

11.4.5　二进制文件的操作

二进制文件是按二进制的编码方式存放文件内容的，系统在处理该类文件时，并不区分类型，都看成字符流，按字节进行处理，二进制文件又称为流式文件，如果用系统文本编辑器直接打开它，通常是看不明白所显示内容的。

对二进制文件的操作也需要先打开文件，再进行读/写操作，操作完毕后关闭文件。在打

开时要指定以二进制形式传送和存储。对二进制文件的读/写操作，不能通过标准输入/输出流的提取运算符>>和插入运算符<<实现，只能通过二进制文件的读/写成员函数 read 与 write 来实现。

1. 二进制文件读函数 read

对二进制文件的读操作是通过成员函数 read 来实现的，流类 istream 中重载了这个函数：

```
istream &istream::read(char *, int);
istream &istream::read(unsigned char *, int);
istream &istream::read(signed char *, int);
```

read 函数的第一个参数是字符指针，指向内存中的一块存储空间；第二个参数用来指定读入内存的字节数。

2. 二进制文件写函数 write

对二进制文件的写操作通过成员函数 write 来实现，流类 ostream 中重载了这个函数：

```
ostream &ostream::write(const char *, int);
ostream &ostream::write(const unsigned char * , int);
ostream &ostream::write(const signed char *, int);
```

write 函数的第一个参数是字符指针，指向内存中的一块存储空间；第二个参数指定写入文件的字节数。

3. 测试文件结束函数 eof

对二进制文件结束位置的测试可用成员函数 eof 来实现，该成员函数的一般格式如下：

```
int ios::eof();
```

当到达文件结束位置时，该函数返回真，否则返回假。

【例 11-6】建立一个文件，记录学生的 C++课程成绩，包含学生的学号、姓名等信息。

源程序代码

```
#include<fstream.h>
#include<stdlib.h>
struct student{
    int num;
    char name[20];
    float score;
};
void main()
{
    student stu[5]={{1001,"Zhang",90},{1002,"Wang",88},
        {1003,"Wu",92},{1004,"Li",85},{1005,"Chen",90}};
    ofstream outfile;
    outfile.open("stud.dat",ios::out|ios::binary);
    if(!outfile){
        cerr<<"文件打开失败!\n";
```

```
        exit(1);
    }
    for(int i=0;i<5;i++)
        outfile.write((char*)&stu[i],sizeof(stu[i]));
    outfile.close();
}
```

程序分析

程序首先定义了一个学生结构体 student，主函数中定义了学生结构体数组 stu，然后以写二进制文件的方式打开文件，利用 write 函数逐个将学生结构体数组 stu 中的数据写入文件，语句"outfile.write((char*)&stu[i],sizeof(stu[i]));"中的第一个参数是每个学生对象的首地址，一定要将类型强制转换为字符指针类型，第二个参数是需要写入文件的数据的大小，即字节数。也可以用语句"outfile.write((char*)&stu[0],sizeof(stu));"代替循环语句将学生信息一次性写入文件。

若程序运行成功，将在当前目录下建立 stud.dat 文件，其中保存了学生的相关信息。

【例 11-7】将例 11-6 中建立的文件的内容读入内存并在显示器上显示出来。

源程序代码

```
#include<iostream.h>
#include<fstream.h>
#include<stdlib.h>
struct student{
    int num;
    char name[20];
    float score;
};
void main()
{
    student stu[5];
    ifstream infile;
    infile.open("stud.dat",ios::in|ios::binary);
    if(!infile){
        cerr<<"文件打开失败!\n";
        exit(1);
    }
    for(int i=0;i<5;i++){
        infile.read((char*)&stu[i],sizeof(stu[i]));
        cout<<stu[i].num<<'\t'<<stu[i].name<<'\t'<<stu[i].score<<endl;
    }
    infile.close();
}
```

程序运行结果

```
1001    Zhang   90
```

```
1002    Wang    88
1003    Wu      92
1004    Li      85
1005    Chen    90
```

4. 随机访问二进制文件

前面介绍的文件读/写操作都是按信息在文件中的存放顺序进行的。事实上，C++语言允许从文件中任何位置开始读/写数据，称为文件的随机访问。在文件流类的基类中定义了几个支持文件随机访问的成员函数，如表 11-7 所示。

表 11-7　随机读/写文件的成员函数

成员函数	功能	所属类
gcount()	返回最后一次读入的字节数	istream
tellg()	返回文件读指针的当前位置	ifstream
seekg(long pos)	将文件读指针移到指定位置	ifstream
seekg(long off, ios::seek_dir)	将文件读指针以参照位置为基准移到指定位置	ifstream
tellp()	返回文件写指针的当前位置	ofstream
seekp(long pos)	将文件写指针移到指定位置	ofstream
seekp(long off, ios::seek_dir)	将文件写指针以参照位置为基准移到指定位置	ofstream

表中的 pos 和 off 都是位移量，以字节为单位，ios::seek_dir 是参照位置，它的值有 3 个：

ios::beg，文件起始位置；
ios::cur，当前指针位置；
ios::end，文件尾部位置。

它们是在 ios 类中定义的枚举常量。

【例 11-8】文件的随机读/写示例。

源程序代码

```
#include<iostream.h>
#include<fstream.h>
#include<stdlib.h>
struct student{
    int num;
    char name[20];
    int score;
};
void main()
{
    student stu[5]={{1001,"Zhang",90},
                {1002,"Wang",88},
                {1003,"Wu",92},
```

```
              {1004,"Li",85},
              {1005,"Chen",90}};
    ofstream outfile("stud.bin",ios::out|ios::binary);       //A
    if(!outfile){
        cerr<<"文件打开失败!\n";
        exit(1);
    }
    for(int i=0;i<5;i++)
        outfile.write((char*)&stu[i],sizeof(stu[i]));        //B
    student newstu={1008,"Zhu",83};                          //新学生信息
    outfile.seekp(2*sizeof(student));                        //C
    outfile.write((char*)&newstu,sizeof(student));           //D
    outfile.close();
    fstream infile("stud.bin",ios::in|ios::binary);          //E
    if(!infile){
        cerr<<"文件打开失败!\n";
        exit(1);
    }
    student st[5];
    for(i=0;i<5;i++){
        infile.read((char*)&st[i],sizeof(student));
        cout<<st[i].num<<'\t'<<st[i].name<<'\t'<<st[i].score<<'\n';
    }
    student nst;
    infile.seekg(sizeof(student)*2,ios::beg);                //F
    infile.read((char*)&nst,sizeof(student));                //G
    cout<<"新学生信息:\n"<<nst.num<<'\t'<<nst.name<<'\t'<<nst.score<<'\n';
infile.close(); }
```

程序分析

程序中，A 行以写二进制文件的方式打开文件；B 行用 write 函数将学生信息按顺序写入文件；C 行以文件头为基准，移动写文件指针到指定位置；D 行使用随机读写方式将原来第 3 个学生的数据覆盖；E 行再以读二进制文件的方式打开文件，读取学生信息并显示到显示器；F 行以文件头为基准，移动读文件指针到指定位置；G 行读取新学生信息并显示到显示器。

程序运行结果

```
1001    Zhang   90
1002    Wang    88
1008    Zhu     83
1004    Li      85
1005    Chen    90
新学生信息:
1008    Zhu     83
```

习　题

1. 设计一个通用的实现文本文件复制的程序。源文件名和目标文件名均从键盘输入，且可包含文件的相对路径名或全路径名，要求使用构造函数打开文件。

2. 定义一个二维数组，并通过键盘输入二维数组的元素值，将此二维数组的元素值存入文本文件中。

3. 求出 2~100 的所有素数，将求出的素数分别存储到文本文件 prime.txt 和二进制文件 prime.dat 中。存储到文本文件中的结果要求以表格形式输出，每行输出 5 个素数，每个数占用 10 个字符宽度。

4. 用文本编辑器产生一个包含若干实数的文本文件。编写一个程序，从该文本文件中依次读取每个数据，求出这批数的平均值和个数。

5. 将 0°~90°的 sin 函数值写到二进制文件 SIN.bin 中，再从二进制文件中读出数据，并显示到屏幕上。

6. 产生一个存放 5~1000 的奇数的二进制文件，并将文件中的第 20~30 个数读出后输出。要求通过移动文件的指针来实现文件的随机存取。

参 考 文 献

高克宁，李金双，赵长宽，等. 2009. 程序设计基础(C 语言)[M]. 北京：清华大学出版社.

龚沛曾，杨志强，高枚，等. 2004. C/C++程序设计教程(Visual C++环境)[M]. 北京：高等教育出版社.

牛连强. 2008. 标准 C++程序设计[M]. 北京：人民邮电出版社.

潘克勤，华伟. 2008. Visual C++程序设计[M]. 北京：中国铁道出版社.

谭浩强. 2000. C 语言程序设计[M]. 北京：清华大学出版社.

吴文虎. 2003. 程序设计基础[M]. 北京：清华大学出版社.

徐惠民. 2005. C++大学基础教程[M]. 北京：人民邮电出版社.

严悍，李千目，张琨. 2010. C++程序设计[M]. 北京：清华大学出版社.

张岳新. 2002. Visual C++程序设计[M]. 苏州：苏州大学出版社.

附录A ASCII码表

ASCII值		控制字符	ASCII值		控制字符	ASCII值		控制字符	ASCII值		控制字符
十六进制	十进制		十六进制	十进制		十六进制	十进制		十六进制	十进制	
00	0	NUL	20	32	空格	40	64	@	60	96	`
01	1	SOH	21	33	!	41	65	A	61	97	a
02	2	STX	22	34	"	42	66	B	62	98	b
03	3	ETX	23	35	#	43	67	C	63	99	c
04	4	EOT	24	36	$	44	68	D	64	100	d
05	5	ENQ	25	37	%	45	69	E	65	101	e
06	6	ACK	26	38	&	46	70	F	66	102	f
07	7	BEL	27	39	'	47	71	G	67	103	g
08	8	BS	28	40	(	48	72	H	68	104	h
09	9	HT	29	41	)	49	73	I	69	105	i
0a	10	LF	2a	42	*	4a	74	J	6a	106	j
0b	11	VT	2b	43	+	4b	75	K	6b	107	k
0c	12	FF	2c	44	,	4c	76	L	6c	108	l
0d	13	CR	2d	45	-	4d	77	M	6d	109	m
0e	14	SO	2e	46	.	4e	78	N	6e	110	n
0f	15	SI	2f	47	/	4f	79	O	6f	111	o
10	16	DLE	30	48	0	50	80	P	70	112	p
11	17	DC1	31	49	1	51	81	Q	71	113	q
12	18	DC2	32	50	2	52	82	R	72	114	r
13	19	DC1	33	51	3	53	83	S	73	115	s
14	20	DC4	34	52	4	54	84	T	74	116	t
15	21	NAK	35	53	5	55	85	U	75	117	u
16	22	SYN	36	54	6	56	86	V	76	118	v
17	23	ETB	37	55	7	57	87	W	77	119	w
18	24	CAN	38	56	8	58	88	X	78	120	x
19	25	EM	39	57	9	59	89	Y	79	121	y
1a	26	SUB	3a	58	:	5a	90	Z	7a	122	z
1b	27	ESC	3b	59	;	5b	91	[	7b	123	{
1c	28	FS	3c	60	<	5c	92	\	7c	124	|
1d	29	GS	3d	61	=	5d	93	]	7d	125	}
1e	30	RS	3e	62	>	5e	94	^	7e	126	~
1f	31	US	3f	63	?	5f	95	_	7f	127	del

附录B　常用库函数

库函数不是C++语言的一部分，为了方便用户使用库函数，VC++编译器提供了大量库函数。用到库函数时，必须包含相应的头文件。要了解 VC++提供的所有库函数请查阅相关手册，本附录仅列出常用的库函数。

1. 常用的数学函数

使用下列数学函数时，要包含头文件 math.h。

函数原型	功能	返回值	备注
int abs (int x)	求整数的绝对值	绝对值	
double cos (double x)	cos (x)	计算结果	x 为弧度
double exp (double x)	求 e^x	计算结果	
float fabs (float x)	求实数的绝对值	绝对值	
double fmod (double x,double y)	求 x/y 的余数	余数	
double log (double x)	ln (x)	计算结果	
double log10 (double x)	求以 10 为底的对数	计算结果	
double pow (double x,double y)	求 x^y	计算结果	
double sqrt (double x)	求平方根	计算结果	

2. 字符串处理函数

使用下列字符串处理函数时，要包含头文件 string.h。

函数原型	功能	返回值	备注
char *strcpy (char *p1,char *p2)	字符串复制	目的存储区起始地址	
char *strcat (char *p1,char *p2)	字符串连接	目的存储区起始地址	
int strcmp (char *p1,char *p2)	两个字符串比较	两个字符串相同，返回 0；前者大于后者，返回正数；否则，返回负数	
int strlen (const char * p)	求字符串长度	包含有效字符的个数	
char *strstr (char *p1,char *p2)	p2 所指向的字符串是否是 p1 所指向的字符串的子串	若是子串，返回开始位置；否则返回 0	

3. 常用的其他函数

使用下列处理函数，要包含头文件 stdlib.h。

函数原型	功能	返回值	备注
void abort (void)	终止程序的执行		不做结束工作
void exit (int)	终止程序的执行		做结束工作
double atof (char *s)	将 s 所指的字符串转换成实数	返回实数值	
int atoi (char *)	将字符串转换成整数	返回整数值	
int rand (void)	产生一个随机数	返回随机数	
void srand (int)	初始化随机数发生器		
max (a,b)	求两个数中的较大数	返回较大数	参数可为任意类型
min (a,b)	求两个数中的较小数	返回较小数	参数可为任意类型

4. 格式控制函数

使用下列处理函数，要包含头文件 iomanip.h。

函数原型	功能	返回值	备注
dec	设置为十进制		
hex	设置为十六进制		
oct	设置为八进制		
setfill (c)	设置填充字符为 c		
setprecision (n)	设置显示小数精度为 n 位		
setw (n)	设置域宽为 n 个字符		
setiosflags (ios::fixed)	固定的浮点显示		
setiosflags (ios::scientific)	指数表示		
setiosflags (ios::left)	左对齐		
setiosflags (ios::right)	右对齐		
setiosflags (ios::skipws)	忽略前导空白		
setiosflags (ios::uppercase)	十六进制数大写输出		
setiosflags (ios::lowercase)	十六进制数小写输出		
setiosflags (ios::showpoint)	强制显示小数点		
setiosflags (ios::showpos)	显示数值符号		

5. 输入/输出操作常用的函数

使以列下处理函数，要包含头文件 iostream.h。

函数原型	功能	返回值	备注
cin>>x	输入值给变量 x		
cout<<exp	输出表达式 exp 的值		
get(char &ch)	输入字符给变量 ch		
cin.getline(char *s, int n)	输入一行字符		
open(char *s, int)	打开文件		
close( )	关闭文件		
read(char *p ,int n)	从文件中读取数据		
write(coust char *pch,int count)	将数据写入文件		
put(char ch)	向文件写入一个字符		
eof( )	判断是否到达文件尾部	是则返回 1，否则返回 0	
getline(char *pch,int count,char delim='\n')	从文件中读取多个字符，读取个数由参数 count 决定，参数 delim 是读取时指定的结束符